ART DESIGN
ART DESIGN
高等学校艺术设计规划教材

ART DESIGN
高等学校艺术设计规划教材

书籍装帧设计

第二版

BOOK DESIGN

宋新娟　何　方　熊文飞　编著

武汉大学出版社

图书在版编目(CIP)数据

书籍装帧设计/宋新娟，何方，熊文飞编著.—武汉：武汉大学出版社，2011.5（2013.7重印）
高等学校艺术设计规划教材
ISBN 978-7-307-08255-7

Ⅰ.书…　Ⅱ.①宋…②何…③熊…　Ⅲ.书籍装帧—设计—高等学校—教材　Ⅳ.TS881

中国版本图书馆 CIP 数据核字（2010）第 201975 号

责任编辑：吕鹏娟

出版发行：武汉大学出版社
地址：湖北省武汉市武昌珞珈山
邮编：430072
网址：www.wdp.com.cn
电子邮件：cbs22@whu.edu.cn
印刷：湖北恒泰印务有限公司
开本：889×1194　1/16
印张：8.25
字数：236 千字
版次：2005 年 1 月第 1 版　2011 年 6 月第 2 版　2013 年 7 月第 2 版第 2 次印刷
**ISBN 978-7-307-08255-7/TS·24
定价：36.00 元

版权所有，不得翻印；凡购我社的图书，如有质量问题者，请与当地图书销售部门联系调换。

序
张道一

人们认识事物，从发生到发展，从表面到本质，都有一个过程，而且是一步一步地进行，不可能一蹴而就。在对待实用性艺术和纯精神性艺术的关系上也是如此。历史的发展轨迹告诉我们，人类最早的艺术都带有实用的特点，因为要实际应用才创造了艺术，只是到了后来，事物多样了，思想也复杂了，纯精神的艺术才独立起来，但始终不能离开物质的载体。由于所载的是精神，是思想和意识，当精神文化和物质文化被划分开来的时候，便把非实用的艺术归为精神文化，时间久了，人们习以为常，好像两者之间没有什么关系，甚至产生一种世俗的强分尊卑的思想，以为精神文化高于物质文化，却不知在精神文化与物质文化之间还有一种未曾分解的综合性的文化，我们称之为"本元文化"。也就是说，人类的文化从最早的意义上讲，是一元性的、原发性的、综合性的和未曾分解的，后来才随着社会的分工派生出精神文化和物质文化；但是，并没有因此使得本元文化解体，而是同精神文化与物质文化并存，共同发展，其具体的形态便是建筑艺术和工艺美术。

工艺美术在我国古代称作"百工巧艺"。它的历史虽长，行业虽多，经验也很丰富，只是处于手工业时代，设计与制作的分工既不明确，发展也很缓慢，待到机器工业兴起，尤其是随着科学技术的突飞猛进，现代工业生产已将手工业远远地抛在了后头。因此，现代科技和现代工业向艺术提出了更高、更新、更具体的要求，于是艺术设计应运而生，形成一种新的专业，并由此可能出现精神与物质的新综合。

早在20世纪初，日本明治维新之后向西方学习颇有成效，由于机器生产的需要，他们在东方率先建立起"图案学"。因为所用的名词、术语都是汉化的，我们读起来较方便，于是很快影响了我国，西方的设计新理念便转了一个弯介绍进来。"图案学"所要解决的图形和方案，既有平面图案的构成法，也有立体图案的构成法，并且贯穿着形式美的原理和法则。它的起步较高，只是在后来被人曲解，致使成为现在的纹样技法课。按理说，"图案"和"设计"两个词在英文中都译为"Design"，可是在我们竟出现了厚此薄彼，这是很值得深思的。"工艺美术"一词的使用也是日本人在先。现在起用艺术设计（或设计艺术），看来与前者并没有本质的区别，只是转换了角度，它与工业制造的分工与协作更加明确，也更贴近于文化。

当年的"图案学"与"工艺美术"并没有被否定，也不存在着新与旧或是与非的问题。图案学仍然是一门无法取代的学问，传统手工艺的光辉永远也不会黯淡，只是范围有所缩小。"艺术设计"的提出，是应了新的科学技术和工业生产的发展、经济建设和商品市场的需要而建立起来的。它是文化的，又是经济的。作为文化来说，设计艺术并非独立的艺术形态，必须经过制造才能最后完成，因而成为生产的前过程。在生产与消费之间，艺术设计不仅为产品塑造形象，同时也是商品流通的重要手段。现在的商品社会已经形成全球性的市场，艺术设计在中间起着很大的作用。过去的"图案"和"工艺美术"之所以推展不开，除了自身的不足之外，主要的是不具备客观的条件。

现在的情况起了根本的变化。客观条件已经成熟，设计与制造的关系也已理顺，加之我国已加入到世界贸易经济的行列，艺术设计必然会得到长足的发展。

任何事业的发展，关键在于教育，因为学校是培养人才、向社会输送生力军的基地。当前我国的艺术设计教育还处在初创阶段，有待于形成我们自己的教学体系，从各地普遍设立的专业来看，颇有"各路英雄齐上阵"的势头。这说明国家和社会的需要与办学者的热心。所谓"乱"者，不外乎有各种不同的议论，包括对国外经验的取舍不一；论著与教材出了不少，其中也有巧立名目和哗众取宠的；内容有差，水平有别，是在所难免的。这也是一个过程。大河奔流，怎能避免夹带一些泥沙呢？就像当前电脑软件的杂乱一样，经过检验、筛选和淘汰，存优删劣，也就会逐渐取得一致。

对于艺术设计的教学，也同其他教学一样，过去有"三基本"的提法，即注重于基本理论、基础知识和基本技能三个方面。我看艺术设计也是如此，三个方面都应该配合好，使之成为一个有机的整体。在理论方面，要把"艺术"和"设计"的关系理解深透，进而说明它与生产、经济、消费的关系，如何使之形成良性循环；对于设计的历史，要明确借鉴的重要性，既应强调艺术设计与科技、生产在近现代的新结合，又不能割断历史，忽略古代手工艺对近现代设计的影响。在知识方面，不但要掌握与设计有直接关系的知识，也要具备文化的、经济的以及工学的有关知识。在基本技能方面，应该深入研究"图案学"，特别是其中关于形式美的法则，现在的所谓"三大构成"是远远不够的；对于"人机工程学"，既要从人类文化学的角度进行思考，又须尽力补充中国人人体的数据；设计者应该善于使用电脑，充分利用这一有利的工具，但又不能依赖电脑，离开电脑就不能动手、无能为力。总之，我们的艺术设计教学还有待于充实、完备和提高。对于现阶段的教材，既不能满足于已有的成就，也不必求全责备。高楼大厦总是一砖一瓦逐渐垒起来的，艺术设计教学也需要积累经验，一步一步地提高。

对于本套教材的出版，我不敢说是最好的，否则就带有"王婆卖瓜"之嫌。其实，瓜甜与否不必卖者吆喝，买者自会有所比较。但是有一点我敢肯定，这些书都是著者诚实的劳作，并且代表着许多年来教学的经验和心得；他们来自不同的院校，虽然所开的课程有别，但对艺术设计的见解比较接近；著书即使不成严格的体系，也是一个较完整的系列。这对当前的艺术设计将起建设性的作用，也为教学提供一套教材。

二〇〇二年国庆前一日于东南大学梅庵

教育者的天然使命（代序） 诸葛铠

远在武汉的一批设计教育界同行，合力编著了一套艺术设计系列教材，约我在张道一先生的序言之后再作序一篇。欣然命笔之时，首先想到的是，将实践经验加以提炼并传之于学生，是教育者的天然使命。而在知识更新、观念变革的时期，这样做尤为可贵。谁都知道，教师是"传道、授业、解惑"者，"传道"居其首。而艺术设计的"传道"是以观念更新为前提的。回想这20年间中国从工艺美术教育到艺术设计教育的大跨度飞跃，不仅是学科名称的改变，更重要的是认识水平的提升。准确地说，这一飞跃是观念变革在前，名称变化在后；实践在前，总结在后。在此进程中，曾经发生过许多不同观点的争论，也出现过多种教育模式的探索，虽然直到今天争论和探索并没有停止，但大家的认识却逐渐趋向一致，那就是：艺术设计必须与"现代"同步。

艺术设计与"现代"同步，就意味着艺术设计需要与中国现代社会、现代生活相适应。从晚清民初以来的一个世纪，中国人的衣食住行用各方面都有明显的改善，只是过程有些曲折。20世纪80年代的改革开放，是中华古国第一次真正地敞开大门、迈向世界。我们在这时才初次听说"包浩斯"，并渐渐悟出"Design"的现代内涵。这使得"工艺美术"这件锦绣外衣难以包裹如雨后春笋的种种现代设计。工艺美术教育界最先感受到这种不适应，因此，力求突破传统教育模式和设计模式、改革教学内容和教育方法的尝试就这样开始了，十余年后，终于孕育出"艺术设计"这一中国式的新名词。很显然，艺术设计的内涵是现代科技和现代审美相交织的新文化，已远离农耕时代的节奏和情趣；它的外延早已超出以手工艺为核心的工艺美术产业圈，涵盖了从手工到电脑的所有技术产品。这里，既有观念的变革，也有工具、材料和工艺的进步。当我们回顾这段历史就会发现，它的发生是那样自然，它的发展是那样流畅，它的果实是那样丰硕，这不是"乌托邦"虚幻的杰作，而是中国经济改革激起的千层浪花中最绚丽的一朵。

艺术设计与"现代"同步，也意味着设计教育观念的更新。从本质上说，艺术设计观念和设计教育观念是密切相关的两个方面，但并不完全重合，前者的进步并不完全代表后者的进步。诚如上文所说，从工艺美术教育到艺术设计教育是中国的一大飞跃，但相对于社会上的设计实践，设计教育可能已经滞后。设计教育的立足点，是社会对人才的需求：既是量的需求，更是质的需求；既需要熟练的技巧，更需要创新的才能。一个毕业生，大约要在社会上摸爬滚打十年才能真正成熟，因此，设计教育又要有前瞻性。这种前瞻性当然不是预言家式的神秘预测，而是使学生充分了解现代设计的发展规律，即可"以变应变"，始终走在设计的前沿，这可能比掌握某种技巧更重要。这些观念的体现，大而言之是设计教育的整体规划，小而言之就是教材建设。也就是说，教师不但可以把丰富的知识，更应该把新的认识通过教材传授给学生。从这个意义上说，教材建设对于设计教育发展的意义不可低估。同时，编写教材也是教育者天然使命中不可或缺的有机成分。以武汉大学新闻与传播学院为主，有武汉许多院校教授、副教授、讲师参加编写的艺术设计系列教材就是尽了自己的"天职"，从中我们看到了群体的力量和设计教育改革大力度推进的气势，这种冲击波将会从中国的中部向西方辐射，推动全国的设计教育。如果有一天全国的设计院校联起手来编写各有特长的教材，那么整个中国的设计教育必将出现一个崭新的局面。

二〇〇二年九月于苏州大学返思楼

前 言

无疑，设计作为人类社会一种特殊的物质和文化的活动方式，在人类学的意义上，没有其他任何概念能够比它对现代文化更具阐释力，更具艺术特征。正是现代设计的强大动力，才使现代文明在传统文明的基础上产生伟大的创造精神。

设计的力量是巨大的，人们的生存方式、生活形态乃至生活质量的提升都与其息息相关。它不仅创造了人类社会物质的文明，也创造出精神的文明；不仅为现实，也为人类的将来创造了美好生活。

设计的双重性（物质、文化）在不同社会形态中有不同的特征，其内涵和外延有着社会和时代的差别，功能性、实用性、审美特性也因社会和时代的变化而不同，在材料、技术等方面更是反差强烈。在某种意义上，可以说，设计印证着社会的变革和时代的变化。

物换星移，21世纪是一个充满竞争和挑战的时代，也是一个充满希望和机遇的时代。如果说，把现代设计的崛起视作漫长历史发展的人类设计活动的一个结果，那么在今天，要体现设计的现代性、时代性、文化性，就要改变人的思维方式，从设计观念、意识直到审美实践来一番彻底的"革命"，才能创造出现代设计形态，从而美化人们的生活，更好地提升人们的生活质量。

在这个意义上，物的升华是由人所决定的。在知识和创造的平台上，现代高等艺术设计教育起着举足轻重的作用。现代设计的根本在教育，而在其中起重要支撑作用的教材显然是重中之重。

由武汉大学新闻与传播学院、武汉大学出版社发起组织，由武汉地区一些高校（武汉大学、武汉理工大学、湖北工学院、武汉科技学院等）联合编写的艺术设计系列教材，其宗旨在于集中人力资源、优势互补，以建构富有时代特色的艺术设计学科知识体系，为21世纪的中国高等艺术设计教育尽绵薄之力。

本套教材的编写力求科学性、艺术性、理论性、知识性、实用性的统一，特别是在信息量上，强调量与质的统一，且注意站在学科发展的前沿，使之具有前瞻性。同时，还注重图文并茂、易于理解、深入浅出，可读性、可操作性强。

本套教材的读者群，主要是高等学校设计专业的学生和从事设计工作的年轻设计师。他们是中国的希望之星，是中国现代设计事业的未来。如果本套教材能对他们的学习与事业有所启迪和帮助的话，那是我们最大的满足和欣慰。

由于时间和资料等因素，本丛书可能存在着这样或那样的不足和错误，真诚地希望得到读者和同仁的批评与指正，以便修改与完善。

最后，要衷心感谢东南大学博士生导师张道一教授和苏州大学博士生导师诸葛铠教授，他们不仅在百忙之中为本套教材作序，还担任其专业顾问；他们的指导，为本套教材增色不少。同时，还要感谢武汉大学出版社的领导和丛书的责任编辑，是他们的大力支持和辛勤劳动，才使其得以顺利与读者见面。

罗以澄

2002 年 12 月

Contents
目 录

第1章   **书籍装帧设计概述/001**

    1.1   中国古代书籍设计历史/002
    1.2   国外书籍设计历史/006
    1.3   中国现代书籍设计之百年历程/010
    1.4   21世纪的书籍设计理念/013
    思考题/018

019/ 书籍开本及书籍装订   **第2章**

    019/2.1   开本的概念
    024/2.2   书籍开本设计
    025/2.3   书籍装订
    思考题/028

第3章   **书籍装帧的语言及其设计原则/029**

    3.1   书籍装帧设计的主要内容/029
    3.2   书籍内容的整体结构/035
    3.3   书籍装帧设计的原则/036
    思考题/040

041/ 书籍封面的设计艺术   **第4章**

    042/4.1   平装书的封面设计艺术
    044/4.2   精装书的封面设计艺术
    051/4.3   封面设计的基本方法
    思考题/056

Contents
目录

第5章　书籍装帧的版式设计艺术/057
5.1　版式设计的概念/057
5.2　版式风格/058
5.3　书籍版式设计的基本流程/060
5.4　版式中正文设计的其他因素/064
5.5　书籍装帧的版式设计/069
思考题/072

073/书籍设计程序及案例分析　**第6章**
073/6.1　书籍设计程序
075/6.2　案例分析

第7章　书籍装帧设计欣赏/087

101/学生书籍装帧设计作品选　**第8章**

后记/119

主要参考书目/120

写第一个字母，出现了与内容密切相关的插图。

在整体布局上，中世纪书籍的书页呈长方形，文字采用方形拉斯提克体，插图往往采用红色边框，宽度与文字部分相同，工整地排在文字的上方。中世纪的书籍设计具有强烈的装饰性，色彩绚丽，往往把首写字母装饰得非常华贵，书籍的插图都是图案式的，插图具有比较宽阔的装饰边缘环绕，每一页都被视为一件独立的艺术品。公元789年，国王查理曼发布命令，努力统一整个欧洲书籍的版面标准、字体标准、装饰标准。从而使书籍抄本具有强烈的装饰性，插图装饰复杂，书页四周用华贵的阿拉伯风格图案花边装饰。公元945年，欧洲出现了完全以图案为中心的装饰扉页，扉页采用非常工整的几何图案布局，色彩绚丽。至中世纪晚期，宗教读物手抄本盛行，书籍传播在此时达到一个高峰，读者的范围扩大，手抄本的标准化成为重要的问题之一。插图往往以比较工整的方形安排在每页的上半部分，下半部分则是文字，文字的头尾以比较花哨的笔画装饰，风格古朴。

1.2.3　金属活字印刷术与书籍设计

1439—1440年，德国人古登堡采用铅为材料，铸造字模，利用金属字模进行印刷，这是最早的凸版印刷试验。在以后的试验中，古登堡改变了印刷的材料，采用亚麻仁油，混合灯烟的黑灰，制成黑色油墨，再用皮革球沾上油墨涂到金属印刷平面上，取得均匀印刷的效果。这个时期最有价值的是公元1568年出版的由安曼设计插图的书籍——《各行各业手册》。在这本书上有8张图片是介绍当时的印刷业的工作情况的，包括造纸、铸造活字、排版、修版、印刷、装订，等等。这些插图是用木刻制作的，黑白线条非常清晰。这时期从印刷所出来的书并没有最后完成，还要靠手工绘制上装饰首写字母、框饰、插图，并加上标点符号。此时的书籍通常以单页形式出售，读者可以根据自己的喜好进行装订。

1.2.4　文艺复兴时期的书籍设计

文艺复兴时期在平面设计上的一个重大的进展，就是版面设计逐步取代了旧式的木刻制作和木版印刷。金属活字的出现，使得文字和插图可以进行比较灵活的拼合，插图也逐渐从单纯的木刻发展到金属腐蚀版。这就是现代意义上的"排版"。

欧洲最早的利用排版方式设计、带有插图的书籍出现于15世纪中期的德国，15世纪末，德国城市纽伦堡成为欧洲最重要的印刷工业中心。1498年，丢勒为《启示录》一书作了15张极其精美的木刻插图，描绘生动，线条丰富，黑白处理得当，构图紧凑，成为这个时期德国艺术登峰造极的代表作。

科学书籍和宗教书籍同时盛行，是文艺复兴时期出版业的特点。这个时期的书籍（抄本）都广泛地采用卷草花卉图案，文字外部全部用这类图案环绕。玛努提斯是意大利文艺复兴时期印刷和平面设计的重要代表人物，他的书籍比较少用插图，集中于文字的编排，比较讲究工整、简洁，首写字母装饰是主要的因素，往往采用卷草环绕的方式。

1.2.5 17、18世纪的书籍设计

17世纪的书籍出版基本上基于商业的出版，出现了比较讲究实用功能的特点。1609年，世界上第一张报纸《阿维沙关系报》在德国德奥格斯堡每日出版，是平面设计上的一个重要的突破。与此同时，荷兰的印刷业也有一定程度的发展。

至18世纪，不少欧洲国家的君王对印刷的意义和重要性有了深刻的认识，因而促进了国家和民间印刷业的发展，促进了书籍设计的发展。其中最为突出的是法国洛可可时期的书籍设计。洛可可风格盛行于1720—1770年的法国宫廷。这种风格强调浪漫情调，从自然形态、东方装饰、中世纪和古典时代的装饰风格之中吸取动机，大量采用淡雅的色彩，也大量使用金色和象牙白色，设计上往往采用非对称的排列方法。

18世纪的欧洲印刷业在字体的尺寸上是相当混乱的，除了皇家印刷厂有自己的标准外，几乎每家私人印刷厂都有自己的字体尺寸，大小不一，没有统一的标准。1737年，出版了《比例表格》，对字体的大小尺寸和比例作了严格的规范。在字体设计方面，英国著名的字体设计师卡斯隆于1720年开始从事字体的设计和铸造，并设计出"卡斯隆"体系，为英国的书籍设计做出了巨大的贡献。

1.2.6 "书籍之美"的理念

工业革命以后，印刷技术得到革命性的发展，1928年，伦敦出版了专业的书籍设计杂志，公开倡导书籍艺术之美的设计理念，向世界展示书籍设计艺

图1-9 学生刊物封面/《中国平面设计》

图1-10 音乐类书籍封面/《中国平面设计》

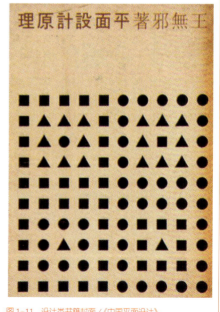

图1-11 设计类书籍封面/《中国平面设计》

术的进展情况。艺术家分别发表他们的艺术主张和流派宣言，组成各种俱乐部。成员不仅仅局限于美术家领域，还广泛联系其他领域的诗人、作家、音乐家，并与之交流，使书籍设计艺术越发活跃繁荣起来。其代表人物是英国设计家威廉·莫里斯。他领导了英国"工艺美术运动"，开创了"书籍之美"的理念，推动了革新书籍设计艺术的风潮，被誉为现代书籍艺术的开拓者。

莫里斯十分注重书籍设计，他主张从植物纹样和东方艺术中汲取营养，他一生共制作了52种66卷精美的书籍。书籍设计十分优雅，简洁美观，且讲究工艺技巧，制作严谨。莫里斯的努力唤醒了各国提高书籍艺术质量的责任感，刺激了其他国家在类似途径上的探索。1891年，威廉·莫里斯成立了凯姆斯科特出版印刷社，进一步促进了一批以生产精美的书籍为目的的私人印刷所在英国、美国和德国大量产生，这些印刷所致力于美观的字体、讲究的版面设计、良好的纸张和油墨，以及漂亮的印刷和装订。各国的艺术流派也为现代书籍的

图 1-12 封面和环衬页设计 / 余秉楠

图 1-13 文学作品封面 /《书籍设计》

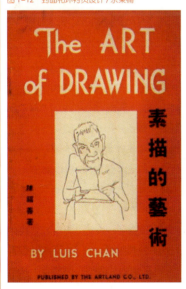

图 1-14 艺术类书籍封面 /《中国平面设计》

图 1-15 幼稚园读物封面 /《中国平面设计》

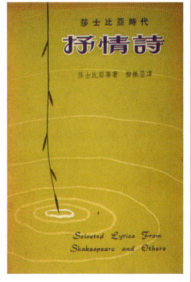

图 1-16 诗歌类书籍封面 /《中国平面设计》

发展做出了巨大的贡献，影响最大的是构成主义、表现主义、未来主义、达达主义、印象派、超现实主义、光效应艺术、照相现实主义等。各艺术流派在书籍的版式、插图及护封设计上都注入了新的内容，冲击了人们的视觉习惯，形成现代书籍丰富多彩的艺术风格。

1.3 中国现代书籍设计之百年历程

1.3.1 五四运动时期

19世纪末，随着西方印刷术的传入，先进的金属凸版技术和石板印刷技术逐渐代替了雕版印刷，产生了以工业技术为基础的装订工艺，书籍装帧形式逐渐脱离传统的线装形式趋向于现代的铅印平装形式。当时上海所发行的《申报》、《点石斋画报》均应用了西方的先进印刷技术，为中国印刷业的发展做了很好的铺垫。

1919年五四运动前后，新文化运动蓬勃发展。这一时期的书籍设计艺术也进入一个新的局面，它打破一切陈规陋习，从技术到艺术形式都为新文化的内容服务，具有现代的革新意义。从"五四"到"七七"事变以前这段时间，

图1-17 装帧设计/《装帧篇》

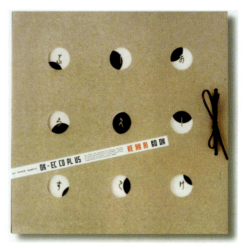

图1-18 装帧设计/《装帧篇》

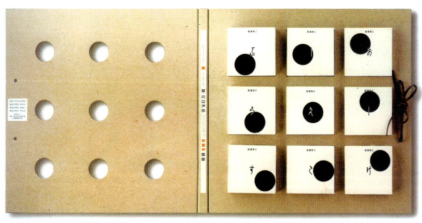

图1-19 装帧设计/《装帧篇》

图1-20 宣传册设计/毕学锋

图1-21 装帧设计/《装帧篇》

可以说是中国现代书籍装帧艺术史上百花齐放、人才辈出的时期。鲁迅是中国现代书籍艺术的倡导者。他积极介绍国外的书籍艺术，提倡新兴木刻运动，为中国现代书籍设计的发展奠定了坚实的基础。他亲身实践，动手设计了数十种书刊封面，如《呐喊》、《引玉集》、《华盖集》等。还引导了一批青年画家大胆创作，并在理论方面有所建树。除封面外，鲁迅先生还对版面、插图、字体、纸张和装订有严格的要求。

鲁迅先生不但对中国传统书籍装帧有精深的研究，同时也注意吸取国外的先进经验，因此，他设计的作品具有民族特色与时代风格相结合的特点。他非常尊重画家的个人创造和个人风格，在封面设计中，鲁迅不赞成图解式的创作方法，他请陶元庆设计《坟》的封面时强调书籍装帧是独立的一门绘画艺术，承认它的装饰作用，认为不必勉强其配合书籍的内容。此外，他反对书版格式排得过满过挤，不留一点空间。

在鲁迅先生的影响下，涌现出如陶元庆、丰子恺、司徒乔、陈之佛、钱君陶、张光宇、庞熏琴等一大批学贯中西、极富文化素养的书籍设计艺术家。他们的研究与探索都为我国的书籍装帧事业做出了巨大的贡献。这其中，首推陶元庆，他早年留学日本，精于国画，对西洋画也颇有研究。其封面作品构图新颖、色彩明快，颇具形式美感。鲁迅的不少作品如《彷徨》、《坟》、《朝花夕拾》、《出了象牙之塔》等封面，均出自陶元庆之手。丰子恺先生以漫画制作封面堪称首创，而且坚持到底，影响深远；陈之佛先生坚持采用近代几何图案和古典工艺图案，形成了独特的艺术风格，为《东方杂志》、《小说月报》、《文学》等设计了装饰性极强的封面；钱君匋先生身兼书法篆刻家与出版家，认为书籍装帧的现代化是不可避免的，他尝试过各种绘画流派的创作方法，其装帧设计作品呈现出清雅的艺术气质和丰富的装饰语言，其作品多达四千余件。

除了画家们的努力以外，这一时期作家们直接参与书刊的设计也是一大特色。鲁迅、闻一多、叶灵凤、倪贻德、沈从文、胡风、巴金、艾青、卞之琳、萧红等都设计过封面。其中不少作家利用名章或书法艺术装帧书衣，使书籍封面有独特的中国风格,体现出中国书画艺术对该时期封面设计的影响。

1.3.2 抗日战争至新中国成立后时期

抗日战争爆发以后，随着战时形势的变化，全国形成国统区、解放区和沦陷区三大地域。三大地域印刷条件都比较困难，最艰苦的是被国民党和日伪严密封锁的解放区。解放区的出版物，有的甚至一本书由几种杂色纸印成。大西南的国统区也只能以土纸印书，没有条件以铜版、锌版来印制封面，画家只好自绘、木刻，或由刻字工人刻成木版上机印刷，这样印出来的书衣倒有原拓套色木刻的效果，形成一种朴素的原始美。相对来说，沦陷区的条件稍好，但自太平洋战争到日本投降前夕，物资奇缺，上海、北京印书也只能用土纸，白报纸成为稀见的奢侈品。

从抗战胜利到新中国成立以后是书籍装帧艺术的又一个收获期。以钱君匋、丁聪、曹辛之等人的成就最为明显。老画家张光宇、叶浅予、池宁、黄永玉等也有创作。丁聪的装饰画以人物见长，曹辛之则以隽逸典雅的抒情风格吸引了读者。1949年以后，出版事业的飞跃发展和印刷技术、工艺的进步，为书籍装帧艺术的发展和提高开拓了广阔的前景。中国的书籍装帧艺术呈现出多种形式、风格并存的格局。

1.3.3 "文革"时期至20世纪80年代初

"文革"期间，书籍装帧艺术遭到了劫难，"一片红"成了当时的主要形式。70年代后期，书籍装帧艺术得以复苏。进入80年代，改革开放政策极大地推动了装帧艺术的发展。随着现代设计观念、现代科技的积极介入，中国书籍装帧艺术更加趋向个性鲜明、锐意求新的国际设计水准。

改革开放后，西方先进的设计理念和设计形式为我国装帧业开辟新的道路提供了参考，装帧界曾一度如饥似渴地汲取国外现代设计成果的新鲜营养，在此期间，参考和模仿相当普遍，抄袭现象亦在所难免。20世纪80年代以来，装帧设计界和其他设计界一样，受到新的媒介、新的设计技术的挑战，从而发生了急剧的变化，这个刺激因素就是电脑技术的发展，电脑技术迅速地进入设计过程，日益取代了从前的手工式的劳动。商业化的浪潮促使市场出现了大量的书籍设计作品，其中不乏平庸、媚俗之作，但正是在这种已达到充分发展的条件下，才使一部分设计师重新考虑书籍设计的任务问题。

1.3.4 20世纪90年代至今

20世纪90年代，印刷术得到进一步的发展，同时，电子技术的发展也使设计发生了很大的变化，这种技术的发展，一方面刺激了国际主义设计的垄断性发展，另一方面也促进了各个国家和各个民族的设计文化的综合和混合，东方和西方的设计文化通过频繁密切的交往，日益得到交融。因此，国际主义设计成为主流，同时也潜伏了民族文化发展的可能性和机会。这种情况，自然造成设计上一方面国际主义化，而另外一方面又多元化地发展。设计在新的交流前提下出现了统一中的变化，产生了设计在基本视觉传达良好的情况下的多元化发展局面，个人风格的发展并没有因为国际交流的增加而减弱或者消失，而是在新的情况下以新的面貌得到发展。

　　90年代以来，我国一批书籍设计家们一方面虚心学习先辈们的经验，一方面大胆更新观念，创造崭新的书籍设计理念。这其中以吕敬人先生最为突出，他提出书籍设计的形态学概念，为我们展现了全新的设计理念。他的设计作品温文儒雅，有着浓厚的传统风味，同时又体现着简约的现代风格，广受国内外读者的欢迎。

1.4　21世纪的书籍设计理念

　　从书籍装帧的历史可以看出，传统意义上的书籍装帧的主要任务是保护书籍，其对书籍的美化受限于当时的伦理思想和审美标准。孙庆增在《藏书纪要》中对古代书籍设计做过这样的描述："装订书籍，不在华美饰观，而要

图1-22　装帧设计／保罗·卡瑞若／英国　　　　　　图1-23　装帧设计／保罗·卡瑞若／英国

图1-24　装帧设计／程湘如

护帙有道。款式古雅，厚薄得宜，精致端正，方为第一。古时有宋本，蝴蝶本，册本，各种订式。书面用古色纸，细绢包角。标书面用小糊粉，入椒矾细末于内，太史连三层标好贴于板上，挺足候干，揭下压平用。需夏天做，秋天用。折书页要折得直，压得久，捉得齐，乃为高手。订书眼要细，打得正，而小草订眼亦然。又须少，多则伤书脑，日后再订，即眼多易破，接脑烦难。天地头要空得上下相称。副册用太史连，前后一样两张。截要快刀截，方平而光。再用细砂石打磨，用力须轻而匀，则书根光而平，否则不妥。订线用清水白绢线，双根订结。要订得牢，嵌得深，方能不脱而紧。如此订书，乃为善也。"由此可以看出，中国传统书籍设计是以实用功能为主的，其审美有着统一的标准，即注重整体效果，以雅为上。

这种设计思想对现代书籍设计仍有很大的借鉴意义，同时，现代社会的技术条件大大提高，许多新兴的技术为书籍设计的发展带来契机。另一方面，古代分工较为模糊，设计者在设计封面、内页的同时，还能对工艺进行指导和把握，因而，尽管设计较为单调，但整体效果好。而现代社会分工越来越明确，不同的领域差别极大，设计师与作者、出版商、印刷厂之间配合不默契的现象时有发生，曾有一段时间，书籍设计仅仅停留在封面设计的层面上。

进入21世纪，不少新锐设计师开始尝试新的设计语言和设计理念，先后成立了一批设计工作室，如宁成春1804工作室、王序工作室、敬人设计工作室、吴勇工作室、宋协伟工作室、朱锷工作室、耀午书装、陆智昌—石文化工作室、合作工作室、蒋宏工作室、生生书房等，都以其鲜明的个性，赢得出版社的认同和赞许。

近些年来，设计师们提倡由装帧向书籍整体设计转变，这一观念是新时代最具实质意义的进步。不少新锐设计家开始了书籍形态学方面的革命，把传统的书籍装帧推向了书籍形态转换的概念，在观念上最具有价值建构的高度。积累数年，已有大成。

纵观近年来书籍设计艺术的巨大变化和进步，可归纳为以下几个方面：

1.书籍整体设计概念的加强

书籍的设计不是封面的简单装饰，而是一系列工艺活动的组合，是一项整体设计。日本设计师杉浦康平曾经提出过"书籍形态学"的观念，吕敬人先生对此做过这样的解释：书籍形态学是设计家对主体感性的萌生、悟性的理解、知性的整理、周密的计算、精心的策划、节奏的把握、工艺的运筹……一系列有条理有秩序的整体构建。形态，顾名思义：形，则为造形；态，即是神态，外形美和内在美的珠联璧合，才能产生形神兼备的艺术魅力，书籍形态的塑造，并非书籍装帧家的专利，它是著作者、出版者、编辑、设计家和印刷装订者共同完成的系统工程，也是书籍艺术所面临的诸如更新观念，探索从传统到现代以至未来书籍构成的外在与内在、宏观与微观等一系列的新课题。所以说书籍的整体效果十分重要，书籍是三次元的六面体，是立体的存在，当我们拿起书籍，手触目视心读，上下左右，前后翻转，书与人之间产生具有动感的交流。因此，书籍设计不能只顾书的表皮还要赋予包含时空的全方位整体形态的贯穿、渗透，这已是当今书籍设计的基本要求。

2. 对书卷气息的尊重

现代书籍设计观念已极大地提升了书籍设计的文化含量，充分地扩展了书籍设计的空间。书籍设计由此也从单向性向多向性发展，书籍的功能也由此发生革命性的转化：由单向性知识传递的平面结构向知识的横向、纵向、多方位的漫反射式的多元传播结构转化。

图1-25 装帧设计 / 艾瑞 / 英国

图1-26 丛书装帧设计 / 程湘如

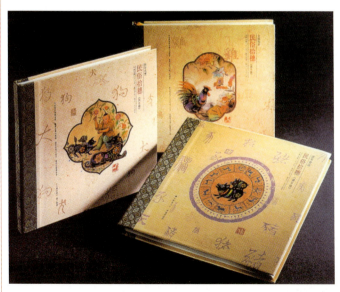

图1-27 丛书装帧设计 / 柯鸿图

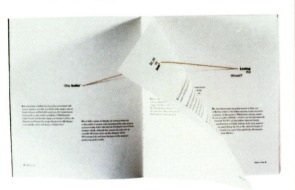

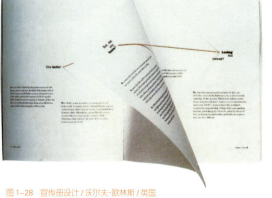

图1-28 宣传册设计 / 沃尔夫·欧林斯 / 英国

图1-29 杂志装帧设计/《装帧设计》

图1-30 宣传册设计/诺斯/英国

图1-31 宣传册设计/《装帧设计》

书作为一个整体，书稿内容是最重要的文化主体，故称之为第一文化主体，而书籍设计则成为书的第二文化主体。一本书的装帧虽受制于书的内容，但绝非狭隘的文字解说或简单的外表包装，设计家应从书中解读作者的意图，挖掘深层涵义，觅寻主体旋律，铺垫节奏起伏，用知性去设置表达全书内涵的各类要素；严谨的文字排列，准确的图像选择，有规矩的构成格式，到位的色彩配置，个性化的纸张运用，毫厘不差的制作工艺……都是书籍设计要考虑的重要因素。书籍设计家张守义先生曾说过，书籍装帧艺术家是与"作家同台演戏"的这个比喻再恰当不过了，它已把设计放到了第二文化主体的位置。

3.设计思路的开拓

设计与绘画不同，必须依据当时的社会经济发展状况，紧随时代，打破旧规则的束缚，寻求新的设计意识。通过象征性图式、符号、色彩等来暗喻原著的人文信息，并以此形成书籍形态的难以言表的意味和气氛，构成现代书籍设计的一个重要特点。如吕敬人先生对《赤彤丹朱》书籍封面的设计，没有运用具体图像，而是以略带拙味的老宋书题文字巧妙排布成窗形，字间的空档用银灰色衬出一轮红日，显得遥远而凄艳，加上满覆着的朱红色，有力地暗喻出红色年代的人文氛围。

4. 本土文化的回归

在吸纳外来文化的同时，也因其设计界对设计泛细化倾向的思考，设计师在这一反思过程中越来越意识到设计中运用中国视觉元素和文字的重要性。现代书籍形态设计强调民族性和传统特色，但并不是要简单地搬弄传统要素，而是要创造性地再现它们，使之有效地转化为现代人的表现性符号。设计师必须不断创意求新，形成既有丰富内涵，又适应当代市场需求的中国自身独有的书籍语言风格。

5. 书籍中体现秩序之美

在书籍形态的设计中，所谓秩序之美，不仅指的是各表现性要素共居于一个形态结构中，更指的是这个结构具有美的表现力。纷乱无序的文字、杂乱无章的图像等在和谐共生中能产生出超越知识信息的美感，这便是秩序之美。和绘画的感性美不同，这种美是经过精心设计的和谐的秩序所产生的美。同时，设计者要为广大读者服务，不能一味地添加装饰物，无休止地提高制作成本。书籍设计以可视性、可读性、便利性、愉悦性为设计的基本原则。如《中国现代陶瓷艺术》系列书籍的设计，通过书脊将陶艺家高振宇的青瓷器皿归纳成图形，形成各卷的识别记号。此记号也渗透于文内、扉页、文字页、隔页、版权页中。全书的设计疏密有致，繁简得当，表现出浓厚的和谐之美。

6. 关注书籍的材质工艺之美

书籍不同于虚拟的数字符号，它是实实在在的物化读品，因此，设计师要充分考虑书籍设计与制作的整体加工工艺，并了解各种材质尤其是纸质材料的特性。不同的纸质材料体现出各自的自然之美，通过肌理、触觉等方式传达出书籍的材质美感，可以增加读者触摸、翻阅时的文化环境，进而形成独特的语言和意蕴。现代高科技、高工艺是创造书籍新形态的重要保证，因此，设计家必须了解和把握制作书籍的工艺流程。现代书籍设计师认为工艺流程不仅构成其工学实践的一个重要环节，而且也构成书籍形态之美的一个方面。很显然，高工艺、高技术在这里已升华到审美层次，成为书籍形态创造中的一个具有特殊表现力的语言，它可以有效地延伸和扩展设计者的艺术构思、形态创造以及审美趣味。

7. 设计体制的多元化发展

近年来书籍设计行业的蓬勃发展与其设计体制的多元化有很大的关系。首先，设计师不再局限于专业的出版社美编，设计工作室、高校学生等参与到书籍设计的大军中来，并为其注入活力。其次，设计展览形式多样，为书籍设计的发展提供了展示的平台。另外，读者、购买者审美水平的上升和对待书籍设计的宽容态度都促使了书籍设计行业的快速发展。

同时，我们也要认识到我国书籍设计事业中还存在一定的不足之处，需要我们进一步更新思想，从实际出发，解决问题，从而进一步振兴书籍设计事业。具体来说，还有几个方面的问题有待进行深化思考：观念尚需进一步更新；书籍整体设计并不是书的视觉装饰；书籍是用来阅读的；书籍是商品，但属于文化商品；教科书和辞书内文设计要注入新观念；插图需要全行业的关心。

总之，好的书籍设计要传达以下几个方面的美的信息：

(1) 提高书籍形态的认可性，使读者易于发现主体的传达。

(2) 提高书籍形态的可视性，为读者创造一目了然的视觉要素。

(3) 提高书籍形态的可读性，便于读者阅读、检索。

(4) 掌握信息传达的整理演化，即全书的节奏层次，剧情化的展开延伸。

(5) 掌握信息的单纯化，即传达给读者正确的主旋律。

(6) 掌握信息的感观刺激传达，即书的视、听、触、闻、味五感。

- 视觉美（来自书籍设计的吸引）
- 听觉美（翻阅的声音）
- 嗅觉美（油墨、纸张的自然气息）
- 触觉美（纸张的肌理、质地、翻阅的手感等）
- 阅读美（知识的美的享受）

当代书籍形态设计将是用感性和理性的思维方法构筑成完美周密的，又使读者不得不为之动心的系统工程。

思考题：

1. 怎样理解中国古代的书籍装帧？你从中得到哪些启发？

2. 为什么说现代书籍设计是"一系列有条理有秩序的整体构建"？

3. 举出你认为比较有特色的书籍装帧形式，简单描述它的特点。

第2章　书籍开本及书籍装订

2.1　开本的概念

在进行书籍装帧设计时，遇到的第一个问题就是确定书籍的开本。书籍的开本是指书籍的幅面大小，即书的尺寸或面积，通常用"开"或"开本"来作单位，如16开、32开、64开等，或16开本、32开本、64开本等。随着时代的发展，书籍开本的设计已不再局限于传统开本，而采用各种异形开本，如三角形、圆形、半圆形、有机形等多种形态。这些异形开本的书籍在销售过程中可以吸引人们的眼球，起到促销的作用，同时快速传递出书籍的性质和创作理念（见图2-1、图2-2）。

开本的大小是根据纸张的规格来确定的，纸张的规格越多，开本的规格也就越多，选择开本的自由度也就越大。

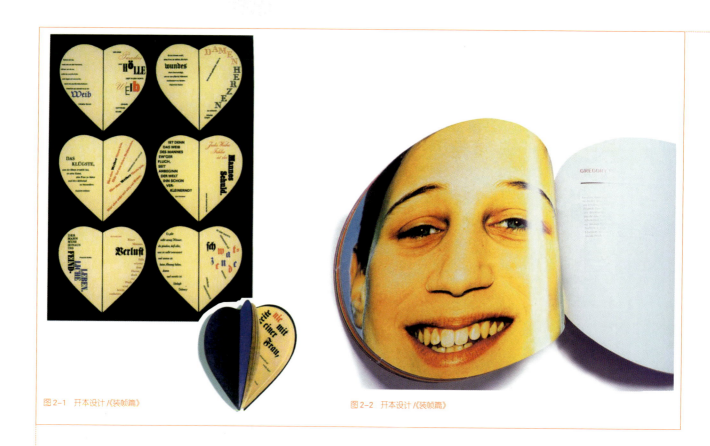

图2-1 开本设计 /《装帧篇》

图2-2 开本设计 /《装帧篇》

2.1.1 开本的规格

目前常用的全开纸张有四种规格：787×1092mm，850×1168mm，880×1230mm和889×1194mm。将一张全开纸裁切成多个幅面相等的张数，这个张数被称为书籍的开数或开本数。例如，将一张全开纸裁切成幅面相等的16小页，称之为16开，开切成32小页，称之为32开，以此类推。

由于各种不同全开纸张的幅面有大小差异，故同开数的书籍幅面因所用全开纸张不同而有大小差异，如书籍版权页上"787×1092 1/16"是指该书籍是用787×1092mm规格尺寸的全开纸张切成的16开本书籍。又如版权页上的"850×1168 1/16"，是指该书籍是用850×1168mm规格尺寸的全开纸张切成的16开本书籍。为了区别这种开数相等而面积不同的开本书籍，通常把前一种称为16开，后一种称为大16开。

近期最常用的书籍开本幅面比较见表2-1，近期其他全开纸张的常用书籍开本幅面比较见表2-2。

异形开本的设计一般没有固定的尺寸，但是也要采用相对合理的方式。如白纳设计工作室的设计作品（见图2-3至图2-11），采用三角形为基本元素，通过三角形的组合产生丰富的变化，在开本选择上体现出较强的方向性和稳定性。在纸张的裁切上两个三角形可形成一个平行四边形，从而避免造成较大的浪费。这套作品既体现了书籍的性质，产生多元化的表达，又节约纸张，符合书籍开本设计的基本要求。

表2-1　近期最常用的书籍开本幅面比较(单位:mm)

开本	书籍幅面(净尺寸)		全开纸张幅面
	宽度	高度	
8	260	376	787×1092
大8	280	406	850×1168
大8	296	420	880×1230
大8	285	420	889×1194
16	185	260	787×1092
大16	203	280	850×1168
大16	210	296	880×1230
大16	210	285	889×1194
32	130	184	787×1092
大32	140	203	850×1168
大32	148	210	880×1230
大32	142	210	889×1194
64	92	126	787×1092
大64	101	137	850×1168
大64	105	144	880×1230
大64	105	138	889×1194

表2-2　近期其他全开纸张的常用书籍开本幅面比较(单位:mm)

开本	书籍幅面(净尺寸)		全开纸张幅面
	宽度	高度	
16	165	227	690×960
16	171	248	730×1035
16	188	207	787×880
16	232	260	960×1092
32	113	161	690×960
32	124	175	730×1035
32	130	208	880×1092
32	147	184	889×1194
32	115	184	787×1230
32	140	184	787×1156
32	130	161	690×1096
32	169	239	1000×1400
64	80	109	690×960
64	84	120	730×1035
64	104	126	880×1092
64	92	143	787×1230
64	119	165	1000×1400

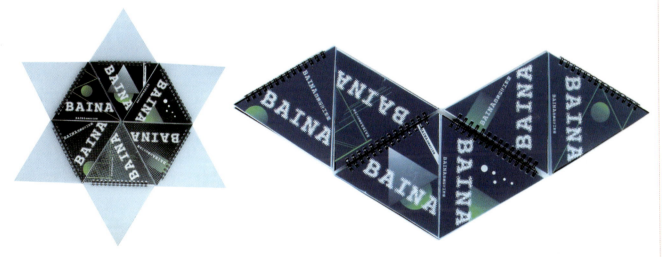

图 2-3　　　　　图 2-4

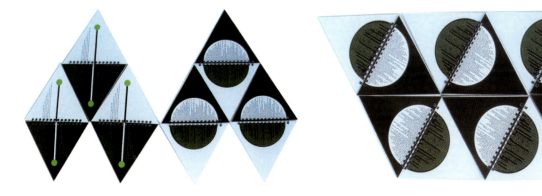

图 2-5　　　　　图 2-6

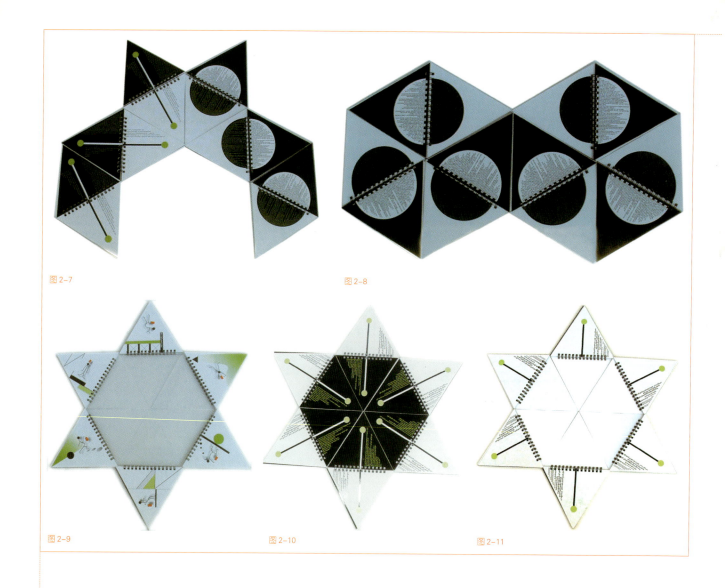

图2-7 图2-8

图2-9 图2-10 图2-11

2.1.2 纸张的开切方法

书籍适用的开本多种多样，有的需要大开本，有的需要小开本，有的需要长方形开本，有的则需要正方形开本。这些不同的要求只能在纸张的开切上来满足。纸张的开切方法大致可分为几何开切法、非几何开切法和特殊开切法。最常见的是几何开切法，它是以2，4，8，16，32，64，128……的几何级数来开切的，这是一种合理、规范的开切法，纸张利用率高，能用机器折页，印刷和装订都很方便（见图2-12）。其次是直线开切法，它是依纸张的纵向和横向，以直线开切，也不浪费纸张，但开出的页数有单数和双数之分，不能全用机器折页（见图2-13）。特殊开切法是纵横混合开切，纸张的纵向和横向不能沿直线开切，开下的纸页纵向横向都有，不利于技术操作和印刷，易剩下纸边造成浪费（见图2-14）。

不能被全开纸张或对开纸张开尽（留下剩余纸边）的开本被称为异形开本。例如，787×1092的全开纸张开出的10、12、18、20、24、25、28、40、42、48、50、56等开本都不能将全开纸张开尽，这类开本的书籍都被称为异形开本书籍。近期787×1092全开纸张开出的异形书籍开本尺寸见表2-3。

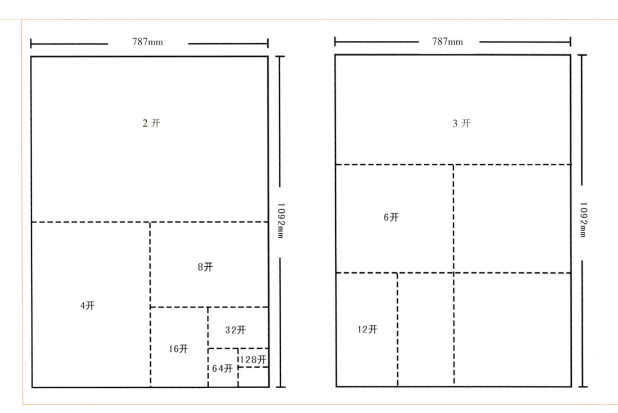

图 2-12 几何开切法

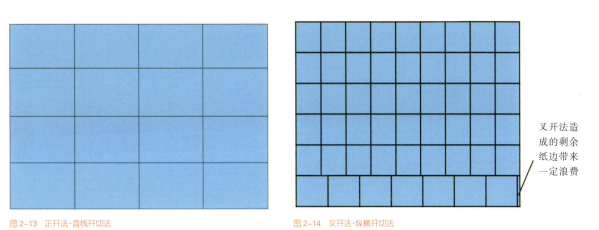

图 2-13 正开法·直线开切法

图 2-14 叉开法·纵横开切法

叉开法造成的剩余纸边带来一定浪费

表 2-3 近期 787×1 029mm 全开纸张开出的异形书籍开本尺寸

开本	切净尺寸	开本	切净尺寸	开本	切净尺寸
10	229×305	长 28	130×207	48	92×170
12	245×253	29	130×204	50	102×148
15	210×248	27	140×203	方 56	106×127
18	175×252	方 30	149×172	长 56	92×146
方 20	187×207	长 30	124×207	横 60	103×121
长 20	148×260	34	124×181	长 60	86×149
方 21	162×210	方 36	125×172	方 72	92×112
长 21	149×248	方 36	113×184	长 72	86×121
22	165×207	方 40	129×149	80	73×127
23	149×223	长 40	103×184	84	86×103
横 24	170×186	方 42	126×146	90	73×112
长 24	124×261	长 42	106×172	100	73×100
25	152×210	44	104×167	方 120	73×82
方 28	150×186	46	111×146	长 120	68×89

023

无论何种开本,在成书之后都略小于纸张或开切成小页的实际尺寸。因为书籍在装订以后,除订口外,天头、地脚和书口(切口)三处都要经过裁切光边。例如:用787×1092的全开纸张开切成32开本的尺寸为136×197,但成书后,就只有130×184了。

2.2 书籍开本设计

开本的确定,除纸张因素外,还要根据书籍的不同性质、内容和原稿的篇幅及读者对象来决定。

2.2.1 书籍的性质和内容

从国内出版现状来看,学术理论著作和教材类书籍的开本,由于文字较多,放在桌上阅读,一般采用大32开本和16开本,以便减少书页和书背的厚度。

通俗读物类或文字较少的书籍,如小说、诗歌、散文等,一般采用32开本、36开本和48开本即可,主要是为方便读者携带。画册、画报和图片较多的书籍,则采用16开本、大16开本或8开本,以便更好发挥图片的作用(见图2-15、图2-16)。

字典、词典、辞海类书籍主要以字的容量来决定开本,往往以32开本、大32开本和36开本、64开本为多见,也有16开本和128开本的字典等。儿童读物,图文并茂,插图较多,选用字体又不宜太小,通常采用正方形开本,如24开本或28开本,并用硬皮精装,以方便儿童翻阅和避免损坏等。

2.2.2 原稿篇幅

书籍篇幅也是决定开本大小的因素。几十万字的书与几万字的书,选用的开本就应有所不同。一部中等字数的书稿,用小开本,可取得浑厚、庄重的效果,反之用大开本就会显得单薄、缺乏分量。而字数多的书稿,用小开本会有笨重之感,以大开本为宜。

图2-15 开本设计 /《装帧篇》

图2-16 开本设计 /《装帧篇》

2.2.3 读者对象

读者由于年龄、职业等差异对书籍开本的要求就不一样，如老人、儿童的视力相对较弱，要求书中的字号大些，同时开本也相应放大些，青少年读物一般都有插图，插图在版面中交错穿插，所以开本也要大一些。再如普通书籍和作为礼品、纪念品的书籍的开本也应有所区别（见图2-17）。

图2-17 开本设计／《平面港》

2.3 书籍装订

装订是书籍从配页到上封成型的整体作业过程。其中包括把印好的书页按先后顺序整理、连接、缝合、装背、上封面等加工程序。装订书本的形式可分为中式和西式两大类。中式类以线装为主要形式，其发展过程大致经历简策装（周代）、缣帛书装（周代）、卷轴装（汉代）、旋风装（唐代）、经折装（唐代）、蝴蝶装（宋代）、包背装（元代），最后发展至线装（明代）。现代书刊除少数仿古书外，绝大多数是采用西式装订。西式装订可分为平装和精装两大类。

2.3.1 平装

平装是我国书籍出版中最普遍采用的一种装订形式。它的装订方法比较简易，运用软卡纸印制封面，成本比较低廉，适用于一般篇幅小、印数较大的书籍。平装书的订合形式常见的有骑马订、平订、锁线订、无线胶订、活页订，等等。

1.骑马订

骑马订又称骑缝铁丝订，是将配好的书页，包括封面在内套成一整帖后，用铁丝订书机将铁丝从书刊的书背折缝外面穿到里面，并使铁丝两端在书籍里面折回压平的一种订合形式。它是书籍订合中最简单方便的一种形式，优点是加工速度快，订合处不占有效版面空间，且书页翻开时能摊平，缺点是书籍牢固度较低，且不能订合页数较多的书（见图2-18）。

2.平订

平订是把有序堆叠的书页用缝纫线或铁丝钉从面到底先订成书芯，然后包上封面，最后裁切成书的一种订合形式。其优点是比骑马订更为经久耐用，缺点是订合要占去一定的有效版面空间,且书页在翻开时不能摊平(见图2-18)。

3. 锁线订

锁线订是从书帧的背脊折缝处利用串线连接的原理,将各帖书页相互锁连成册,再经贴纱布、压平、捆紧、胶背、分本、包封皮等程序,最后裁切成本的一种订合形式。锁线订比骑马订坚牢耐用,且适用于页数较多的书本;与平订相比,书的外形无订迹,且书页无论多少都能在翻开时摊平。不过锁线订的成本较高,书页也须成双数才能对折订线(见图2-19)。

4. 无线胶订

无线胶订是指不用纤维线或铁丝订合书页,而用胶水粘合书页的订合形式。常见方法是把书帖配合页码,再在书脊上锯成槽或铣毛打成单张,经撞齐后用胶水将相邻的各帖书芯粘连牢固,再包上封面。它的优点是订合后和锁线订一样不占书的有效版面空间,翻开时可摊平,成本较低,无论书页厚薄,幅面大小都可订合,缺点是书籍放置过久或受潮后易脱胶,致使书页脱散(见图2-19)。

5. 活页订

活页订是在书的订口处打孔,再用弹簧金属圈或螺纹圈等穿锁扣的一种订合形式。这种订合形式的最大好处是可随时打开书籍锁扣,调换书页,阅读内容可随时变换(见图2-20)。

平装书的订合形式还有很多,如塑线烫订、三眼订等。

2.3.2 精装

精装是书籍出版中比较讲究的一种装订形式。精装书比平装书用料更讲究,装订更结实。精装特别适合于质量要求较高、页数较多、需要反复阅读,

图2-18 书籍装订

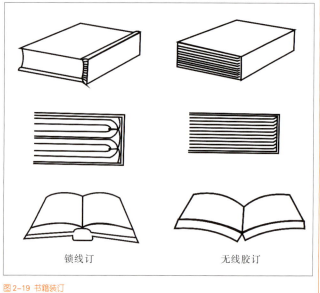

图2-19 书籍装订

图2-20　活页订/M&CO/美国　　图2-21　装订设计/约翰·科尔/英国　　图2-22　锁线装/《装帧篇》　　图2-23　布面缝订式/凯斯勒克瑞默/荷兰

且具有长时期保存价值的书籍，精装书分硬精装和软精装两种。

精装不同于平装之处，除了书芯一般都用锁线订外，主要的区别在封面（包括封面、书脊和封底）的用料和制作上。精装书壳有硬背装（方背起脊）、柔背装和腔背装之分。硬背装书的书架放置效果较好，但打开后不能完全放平；柔背装书打开后可放平，但书架放置效果欠佳；腔背装书不仅书架放置效果较好，而且打开后可放平（见图2-21至图2-23）。

精装书壳又可分为整料书壳形式和配料书壳形式两种。

整料书壳形式是指书的前封、后封和脊背是用一整块面料构成的，且面料一般以布、纸和塑料为多见，其制成过程一般是先把衬料、面料按规定尺寸在切纸机上裁切好，然后在面料背面刷上胶水，再将面料粘于衬料纸板上，将面料齐衬料板四边折转粘贴好后，再施以压平、干燥、烫金和压凹凸等工序而完成。而配料书壳形式则指书的前封、后封和脊背是分别用三块面料配构出来的，前封和后封的面料一般以纸质的为多见，而其书背部分面料以布或质地较坚实的纸为多见。其制作过程一般是先把衬料、面料按规定尺寸裁切好，然后在书脊处布面料的背面刷上胶水，再将面料与前封、后封用的衬料板粘贴好，并在中间贴上书脊衬料板，之后将头脚处的面料折转粘贴好，把刷有胶水的前、后封的面料贴上去，同样齐衬料板四边折转粘贴好后，再施以压平、干燥、烫金、压凹凸等工序而完成。

精装书的书籍封面可运用不同的物料和印刷制作方法,达到不同的格调和效果。精装书的封面面料很多,除纸张外,有各种纺织物,还有人造革、皮革等。

精装书的订合形式也有活页订、铆钉订合、绳结订合、风琴折式等(见图2-24至图2-28)。

图2-24 绳结订合/格瑞斯戴尔·布朗尼亚斯/荷兰　图2-25 风琴折式/布瑞塔·穆勒/荷兰

图2-26 法式折式/米勒·汉默/荷兰　图2-27 绳结订合/艾尔玛·布姆/荷兰　图2-28 铆钉订合/Takaaki Matsumoto/美国

思考题:
1. 什么是开本?决定开本的因素有哪些?
2. 平装书有哪些订合形式?
3. 通过书籍市场调查,举例说明精装书常用的材料。

第3章 书籍装帧的语言及其设计原则

书籍的核心和最基本的部分是正文,它是书籍设计的基础,正文前面的扉页、扉页前面的环衬页,以及具有保护书籍功能、传递信息的封面和护封等书籍装帧设计中的重要元素,都必须和正文以及整本书籍的设计风格保持一致。

3.1 书籍装帧设计的主要内容

每个人都不同程度地与书打交道,但并非每个人都能说出书的各个组成部分的名称。作为书籍装帧设计师,认识和了解书的各个部分有助于设计工作的展开,有助于对书籍整体设计的把握。

书的组成部分有:封面、护封、书前封、书后封、书脊、勒口、订口、切口、飘口、环衬页、扉页、版权页、目录页、序言、参考文献、版心、环套、书盒等(见图3-1)。

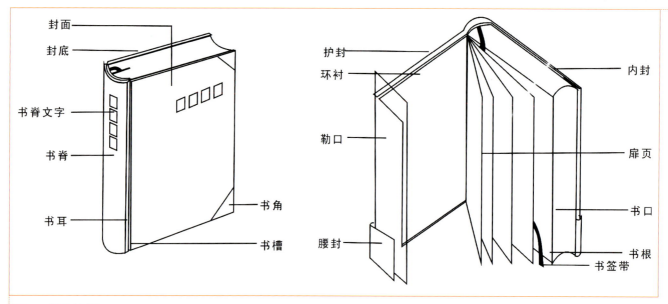

图3-1 书籍设计各部分

1. 封面

封面可称为书籍的外貌。狭义解释的封面指书籍的首页正面，广义解释的封面指书籍外面的整个书皮，即前封、后封、书脊等。封面有平装和精装之分，平装书的封面除了保护书籍的功能外，更重要的是传递信息和促销功能；而精装书又有是否套以护封之分，套以护封的精装书，其封面的主要功能是保护书籍，而把传递信息和促销的任务交给护封来完成，没有套以护封的精装书，封面的功能和平装书基本相同。

2. 护封

护封是精装书书壳的外皮，除有保护书壳的功能之外，更重要的是传递书的信息，也起到装饰和宣传作用。护封包括前封、后封、书脊、勒口四大部分。护封的前、后勒口要分别沿前、后内封的外口折转进去，所以护封封面上的满版插图或色块要向勒口方向多留出去一些，把书壳的厚度也计算进去（见图3-2）。

3. 书前封（封面）

前封指书脊的首页正面。大多数平装书的前封上印有书名、著作者名和出版机构名称。也有少数书籍前封上无著作者名，或无出版机构名。书名大多位于前封的主要位置，且较醒目，而著作者名和出版机构名一般都位于从属位置，且字较小（见图3-3）。

4. 书后封（封底）

后封上通常放置出版者的标志、系列丛书书名、书籍价格、条形码及有关插图等。一般来说，后封尽可能设计得简单一些，但要和前封及书脊的色彩、字体编排方式统一（见图3-4）。

图3-2 护封设计/《书籍装帧设计初步》

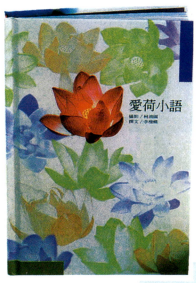

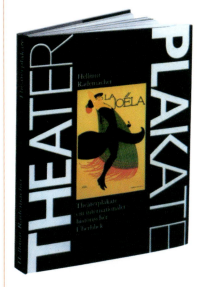

图3-3 封面设计/格特·冯德利希/德国

图3-4 封面、封底设计/柯鸿图

5. 书脊

书脊就是书的脊背，它连接书的前封和后封，常常展示在书店、图书馆、自家的书架上。书脊的厚度要计算准确，这样才能确定书脊上的字体大小，设计出合适的书脊。通常书脊上部放置书名，字较大，下部放置出版社名，字较小。如果是丛书，还要印上丛书名，多卷成套的要印上卷次。设计时还要注意书脊上下部分的字与上下切口的距离（见图3-5至图3-7）。

6. 勒口

比较考究的平装书，一般会在前封和后封的外切口处，留有一定尺寸的封面纸向里转折，前封翻口处称为前勒口，后封翻口处称为后勒口。勒口的宽度视书籍内容需要和纸张规格条件而定。勒口上通常可放置作者简介、书籍内容提要等文字内容和相关图片（见图3-8）。

7. 订口、切口

书籍被装订的一边称订口，另外三边称切口。不带勒口的封面要注意三边切口应各留出3mm的出血边供印刷装订后裁切光边用。现代书籍设计越来越重

图3-5　书脊设计/格特·冯德利希/德国　　　图3-6　书脊设计/格特·冯德利希/德国　　　图3-7　书脊设计/诺斯/英国

图3-8　勒口设计/《平面港》　　　图3-9　书脊、飘口设计/Misuo Katsui/日本

视订口、切口的设计，看似狭小的空间，通过出现图像、色彩或裁切等方式，往往能达到意想不到的效果。

8.飘口

精装书前封和后封的上切口、下切口及外切口都要大出书芯3mm左右，大出的部分就叫飘口（见图3-9）。

9.环衬页

在封面与书芯之间，有一张对折双连页纸，一面贴牢书芯的订口，一面贴牢封面的背后，这张纸称为环衬页，也叫做蝴蝶页。我们把在书芯前的环衬页叫前环衬，书芯后的环衬页叫后环衬。环衬页把书芯和封面连接起来，使书籍得到较大的牢固性，也具有保护书籍的功能。环衬页一般选用白纸或淡雅的有色纸，在封面和书芯之间起过渡作用，虽然上面没有文字信息内容，但也是书籍整体设计的一部分。环衬的色彩明暗和强弱，构图的繁复和简单，应与护封、封面、扉页、正文等的设计取得一致，并要求有节奏感。一般书籍，前环衬和后环衬的设计是相同的，即画面和色彩都是一样的，但也有因内容的需要，前后环衬的设计不尽相同（见图3-10）。

10. 扉页

扉页在封面、环衬的后面一页，正文的前一页，是书籍内部设计的入口，也是对封面内容的补充，它包括书名、副标题、著译者名称、出版机构名称，等等。扉页应当与封面的风格取得一致，但又要有所区别，不宜繁琐，避免与封面产生重叠的感觉（见图3-11）。

11. 像页

像页一般位于书的起始部分，通常放一幅至数幅与书内容有关的照片、或著者的照片、译者的照片等（见图3-12）。

12. 版权页

版权页大都设在扉页的后面，也有一些书设在书末最后一页。版权页上的文字内容一般包括书名、丛书名、编者、著者、译者、出版者、印刷者、版次、印次、开本、出版时间、印数、字数、国际标准书号、图书在版编目（CIP）数据等，是国家出版主管部门检查出版计划情况的统计资料，具有版权法律意义。版权页的版式没有定式，大多数图书版权页的字号小于正文字号，版面设计简洁（见图3-13）。

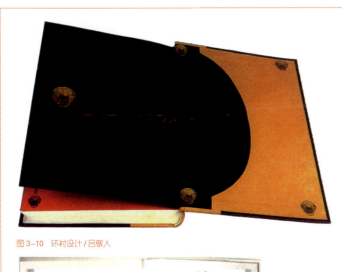

图3-10 环衬设计 / 吕敬人

图3-11 扉页设计 / 吕敬人

图3-12 像页设计 / 吕敬人

图3-13 版权页设计 /《设计时代》

13. 目录页

目录又叫目次，是全书内容的纲领，它摘录全书各章节标题，表示全书结构层次，以方便读者检索。目录中标题层次较多时，可用不同字体、字号、色彩及逐级缩格的方法来加以区别，设计要条理分明。目录页通常放在正文的前一页（见图3-14）。

14. 序言、后语页

序言页是指著者或他人为阐明撰写该书的意义，附在正文之前的短文页。也有附在书尾的后面称为后语页或后记、跋、编后语等，不论什么名称，其作用都是向读者交代出书的意图，编著的经过，强调重要的观点或感谢参与工作的人，等等（见图3-15）。

图3-14　目录设计 / 胡娟

图3-15　序言设计 / 赵雅娟

15. 参考文献页

参考文献页是标出与正文有关的文章、书目、文件并加以注明的专页，通常放在正文之后。其字号比正文文字小。

16. 版心（版式）

版心指书籍正文格式设计或编排技术，是书籍翻开后两页成对的双页上被印刷的面积。

17. 环套

环套也称为腰封，包绕在护封的下部，高约5cm，主要是将补充内容介绍给读者，还有促销和装饰功能。

18. 书盒

书盒用来放置比较精致的书籍，大多数用于丛书或多卷集书，它的主要功能是保护书籍，便于携带、馈赠和收藏。现代精装书的书盒有两种形式：一种是开口书匣，用纸板五面订合，一面开口，当书籍装入时正好露出书脊，有的在开口处挖出半圆形缺口，以便于手指伸入取书，这种形式也称为函套。还有一种书盒，即前一种开口处加上盒盖，盒盖的一边可以与盒底相连。书盒通常用普通板纸制作，用其他材料作裱糊装饰。也有用木板做书盒，在上面雕刻文字和图形（见图3-16、图3-17）。

图3-16　书盒设计 /《装帧篇》　　　　　　　　图3-17　书盒设计 /《装帧篇》

3.2　书籍内容的整体结构

3.2.1　书籍形态的整体把握

在了解书籍装帧的内容之后，设计师就必须把握现代书籍的形态特征。提高书籍形态的认可性、可视性、可读性，掌握信息的单纯化及信息的感观刺激传达，在设计中通过文字、图形、色彩的编排来传达书籍各部分的信息，处理好整体与各部分之间的关系，用理性和感性的思维方法来构筑完美的书籍系统工程。

3.2.2　书籍整体的策划与构成

第一，确立对书的认识，注重书的整体性。第二，根据书籍的性质，确定书籍的开本、装订形式及标准化版式。第三，在书的各部分设计中要注意发挥文字的潜在表现力，加强设计意识。第四，注重书页划分的强弱对比、韵律化、条理化及层次表现力。第五，注重书的封面设计，因为它具有保护书籍、传递信息和促进销售的功能。第六，设计师要考虑书的印制方法及整体设计的成本核算，等等。

总之，书籍装帧并非书籍的表皮化妆，它是要营造一幢容纳文化的立体"建筑"。我们的设计思维也不能仅仅限于封面设计，我们设计的最终目的是通过封面、封底、书脊、勒口、环衬页、扉页……架起书籍的天和地，外表和内部，表现书籍的神气和精神穿透力（见图3-18）。

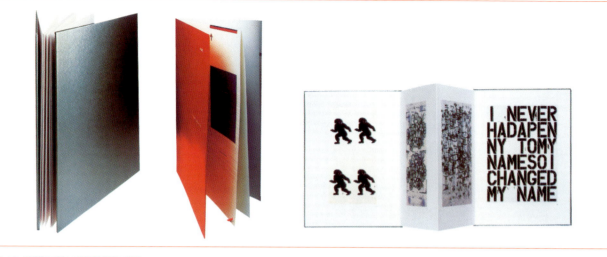

图3-18 书籍整体设计/赫尔曼·勒利/英国

3.3 书籍装帧设计的原则

3.3.1 思想性

书籍装帧设计离不开书籍的内容。书稿内容是最重要的文化主体，因此设计是为书稿服务的，设计者是为作者服务的，设计的宗旨是以视觉形式来体现书籍的主题思想，以书籍装帧设计特有的形式语言、设计规律，反映书稿所表现的风格流派。因此，设计思想的最佳体现就是表现书稿的内容。

3.3.2 整体性

装帧设计的整体性原则，包括两个层次的意思：从广义上来说，书籍的装帧应从书籍的性质、内容出发，从书籍的内容与形式是一个整体的认识出发来进行设计。从狭义上来说，书籍装帧的各环节应成为一个整体，从整体观念去考虑、处理每一个环节的设计，即使是一个装饰性符号、一个页码或图序号也不能例外。这样，各要素在整体结构中焕发出了比单体符号更大的表现力，并以此构成视觉形态的连续性，诱导读者以连续流畅的视觉流动性进入阅读状态。从审美的角度分析，它包含了美学趣味的统一，形式与书籍内容的统一，艺术与技术的统一（见图3-19）。

图3-19 书籍整体设计/吕敬人

3.3.3 独特性

每本书都有与其他书不同的个性。书的这种个性不仅存在于内容，也存在于形式——装帧设计。独特性原则对于装帧设计的不同环节，要求有所不同，应该具体问题具体分析，不仅要突出民族风俗，还要有开拓意识，把新的设计思想和观念融合到设计中，使作品具有独特新颖的风格（见图3-20）。

3.3.4 时代性及实验性

设计和审美意识都不是永恒不变的，设计永远应该走在时代的前列，引导大众生活，引导大众消费。现代书籍设计师不仅需要观念的更新，还需要了解和把握制作书籍的工艺流程，因为现代高科技、新材料、新工艺是创造书籍新设计的重要保证。设计者应在借鉴传统和当代设计成果的基础上，大胆地创造各种新的视觉样式，采用各类材质，运用各种手法，显示出前所未有的实验性，使书籍形态设计一直保持着创新特征，并应用特殊表现力的语言，有效地延伸和扩展设计者的艺术构思、形态创造以及审美趣味（见图3-21至图2-24）。

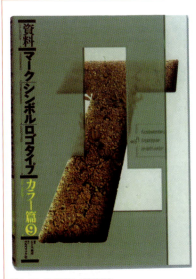
图3-20 书籍设计/《装帧篇》

图3-21 书籍设计/吕敬人

图3-22 书籍设计/吕敬人

图3-23 书籍设计/朱虹

图3-24 书籍设计/《装帧篇》

3.3.5 艺术性

书籍装帧设计是绘画、摄影、书法、篆刻等艺术门类的综合产物，它通过文字、图形、色彩来体现书籍设计的本体美，使读者获得知识的同时，也得到美的享受。要在书籍形态的设计中，使文字、图形等元素在和谐共生中产生超越知识信息的美感，产生秩序之美，设计师必须通过视觉创意来表现对书稿的理解，以巧妙的构思体现书稿的精神内涵，用设计之魅力使书籍增添异彩，显示出设计的艺术性和文化性，使书的设计艺术达到至高的美的境界（见图3-25）。

3.3.6 隐喻性

书籍装帧设计要通过象征性图示、符号、色彩等来暗喻原著的人文气息，并以此形成书籍形态的难以言表的意味和气氛，吕敬人先生在书籍《赤彤丹朱》的设计上，这一点表现得极为充分。《赤彤丹朱》的封面没有运用具体图像，而是以略带拙味的老宋书体文字巧妙排布成窗形，字间的空档用银灰色衬出一轮红日，显得遥远而凄艳，加上满覆着的朱红色，有力地暗喻出红色年代的人文氛围（见图3-26至图3-27）。

3.3.7 本土性

现代书籍形态设计非常强调民族性和传统特色，但决不是简单地搬弄传统要素，而是创造性地再现它们，使之有效地转化为现代人的表现性符号。《朱熹榜书千字文》是吕敬人近来的得意之作。在内文设计中，他用文武线为框

图3-25　书籍设计/靳埭强　　　　　　　　图3-26　书籍设计/吕敬人

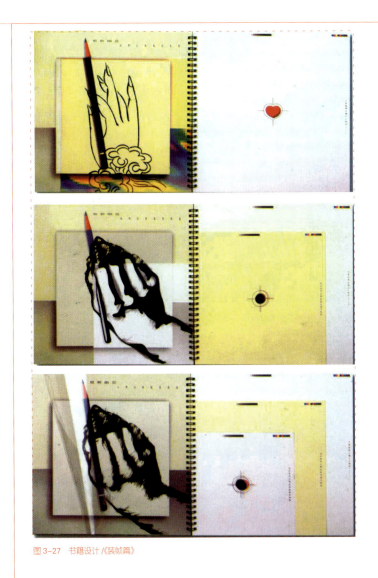
图3-27 书籍设计/《装帧篇》

图3-28 书籍设计/吕敬人

架将传统格式加以强化，注入大小粗细不同的文字符号，以及粗细截然不同的线条，上下的粗线稳定了狂散的墨迹，左右的细线与奔放的书法字形成对比，在扩张与内敛、动与静中取得平衡和谐。封面设计则以中国书法的基本笔画点、撇、捺作为上、中、下三册书的基本符号特征，既统一格式，又具个性。封函将一千字反雕在桐木板上，仿宋代印刷的木雕版。全函以皮带串连，如意木扣合，构成了造型别致的书籍形态（见图3-28）。

3.3.8 趣味性

趣味性指的是在书籍形态整体结构和秩序之美中表现出来的艺术气质和品格。具有趣味性的作品更能吸引读者，它常常以轻松、幽默的手法引起阅读欲望（见图3-29至图3-32）。

图3-29 封面设计/刘小康

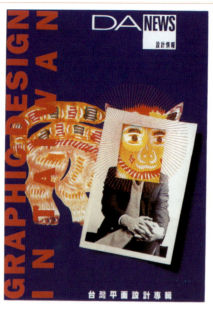
图3-30 封面设计/刘小康

图3-31 封面设计/《装帧篇》

图3-32 封面设计/Lanny Sommese/美国

思考题：

1. 从装帧到书籍设计说明了什么？
2. 书籍装帧的设计原则有哪些？举例说明。

第4章　书籍封面的设计艺术

封面设计是书籍装帧艺术的重要组成部分，它的作用除保护书以外，更重要的是表达书籍的内容和格调，使读者在阅读之前有所了解，具有一定的宣传作用，可以说它是这本书的小型广告。但书籍封面并不是一个独立的设计，它是书籍整体的一个不可分离的部分。书本好像人的身体，封面就像人的面貌，是内在思想的凝缩，设计师在设计封面时，首先要对书的内容、思想、特点有所理解，考虑怎样配合书的整体，并通过形象的表现，来体现书的内容和主题，从而给读者以艺术享受，并令读者产生阅读的兴趣。

书籍的封面有精装和平装之分，平装书的封面是最先与读者直接接触的，故其设计不仅要保护书籍，传达信息，还要起一定的广告作用。精装书的封面一般在外面还有一张护封，这样，精装书的护封便与平装书的封面作用大致相同。由护封保护的精装书封面也称"内封"，大都设计得简洁大方，设计上要求放弃广告的企图。

4.1 平装书的封面设计艺术

平装是目前书籍市场普遍采用的一种形式，它装订方法简易，成本低廉，便于携带，受到大众的普遍欢迎。常用于期刊和较薄但印数较大的书籍。

平装书的封面包括前封、后封和书脊。也有的平装书封面有勒口，相当于半精装，这主要是为了增加封面的厚度，更好地保护书籍，同时也可以给人精致高贵的感觉。平装书封面的设计重点一般在前封和书脊上，因为书籍在橱窗里是平放或者是立着的，故这两个面的设计着墨较多。随着人们审美水平的不断提高和现代书籍形态学设计理念的提出，整体设计成为设计中不可忽视的因素，因此，许多书籍封面的设计从前封和书脊延伸到后封，甚至前后勒口。从而形成视觉的连续性，吸引读者。但前封和书脊仍是书籍设计的重点。

前封的设计一般有书名、作者名和出版社名，如果书脊上已经有了作者名和出版社名，在必要时在前封上也可只印书名。书脊上至少要印上书名和作者名，这是为了书籍在书架上容易识别的缘故。文字的竖排、横排或断行，要根

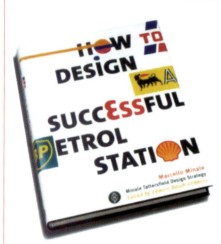

图4-1 书籍封面设计 /R.Smith,M. Minate/ 英国

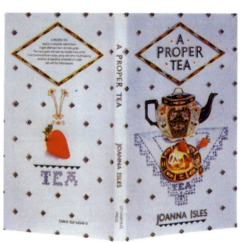

图4-2 书籍封面设计 /《平面港》

图4-3 书籍封面设计 /吕敬人

图4-4 宣传册封面设计 /王炳南、李长沛 /中国台湾

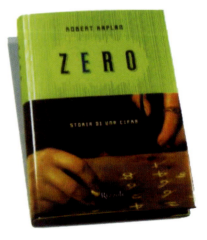

图4-5 书籍封面设计 /Matteo Bologna/ 美国

据整体设计的情况和实际的厚薄来决定。后封相对于前封的设计略为简单，一般有条码、价格或与书内容相关的介绍。在设计时，一定要注意后封与书脊、前封的一致性，不要破坏封面的完整性。对于有勒口的平装书封面，可以在勒口上印上该书的作者简介或简短的内容评论，也可以将前封的设计因素延伸到勒口上来，如延伸的线，相应的色块，或是简单的插图等，都能对勒口起分割面积和装饰的作用，同时，也可起到贯穿封面与内文的作用。

在材料的运用上，平装书一般采用纸材，有的也采用上光和裱透明膜等技术，以便于封面的牢固和清洁。具体使用应结合书籍的性质、内容、定价等多方面的因素。

在崇尚简约设计和提倡环保的今天，平装书拥有极大的市场。简洁的书籍结构、较低的出版费用使平装书籍受到大众的欢迎。有些前卫主义设计家也尝试抛弃繁琐书籍外包装，采用极简洁的方式传达新的消费观念和设计观念。例如，荷兰设计师凯斯勒·克瑞默设计的《未来行动》一书就充分体现了这一观念（见图4-7）。《未来行动》一书的封面为透明塑料，上面印有书名。透过塑料封面，可以清晰地看到书内文字的内容。可以说这是一本没有封面、书脊、扉页的书，从外面看起来像一本没有插图的专业论文。封面极其简陋和前卫，一旦这个塑料皮被撕开，封面就被破坏了，直接露出书的内容。这种反常的简装形式传达出设计者新的设计理念。所以从某种意义上说，透明封面本身就代表了一种装帧形式，相反，有些东西被包装所掩盖，人们只看书的外在包装，而对书的内容无从知道。因此，我们在书籍设计时不能想当然地以为平装书就是简单、不精美，而要从本质上了解设计的真谛。

正如前文所提到的，书籍装帧并非书的表皮化妆，也决不仅限于平面图像文字色彩的构成形式，它应该是要营造一幢容纳文化的立体构筑的建筑物，从而构筑书籍外在和内在形神兼备的生命体；构筑书籍存在的空间环境；实现人

图4-6 书籍封面设计《平面港》

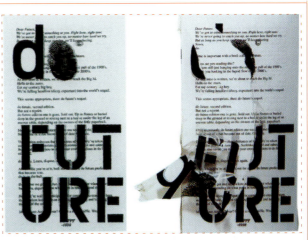

图4-7 书籍封面设计 / 凯斯勒·克瑞默 / 荷兰

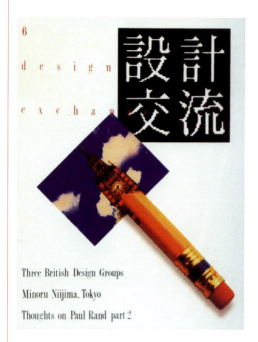
图4-8 书籍封面设计/王序

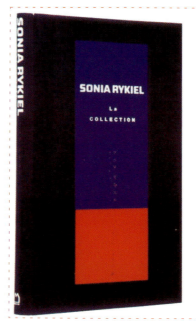
图4-9 书籍封面设计/《平面港》

与书之间的感官传递。书籍艺术的感性和理性的表现关系要求我们的设计思维处于递增的阶段：每一张图、每一行字、每一条线、每一个标点符号、每一块色、每一页材料都像构筑房屋的构件，架起书籍的天和地、外表和内部。

4.2 精装书的封面设计艺术

精装书比平装书更加精美、耐用，多用于需要长期保存的经典著作、精美画册等贵重书籍和经常供人翻阅的工具书籍，在材料和装订上都比平装书讲究。

4.2.1 精装书封面特点

精装书的封面也称内封，这是由于其封面外一般都有一张护封来保护封面，其作用和平装书封面一样，具有保护、美化、宣传的作用。故而，如果是有护封的精装书，其内封应放弃广告企图，追求简洁大方，可采用适宜的材质来体现书籍的性格特征。

精装书的封面有软和硬两种，硬封面由纸张、织物等材料裱糊在硬纸板上制成，适宜于放在桌上阅读的大型和中型开本的书籍。软封面是用有韧性的牛皮纸、白板纸、特种纸或薄纸板代替，从而减轻书的重量，适宜于经常携带的中型本和袖珍本。封面应均匀地大于书芯2mm，即冒边或叫飘口，便于保护书芯，也增加书籍的美观。硬纸板的厚薄要根据书页的多少和开本的大小决定，使之与整个书的设计相协调。

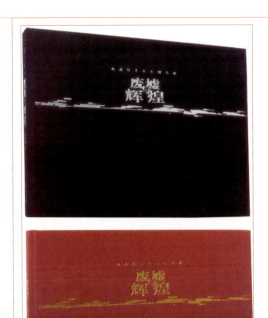

图4-10 书籍封面设计/吕敬人　　图4-11 书籍封面设计/吕敬人　　图4-12 书籍装帧设计/《平面港》

　　书籍有圆脊和平脊两种。圆脊是精装书常见的形式，其脊面呈月牙形，优雅的弧度给人以柔软、饱满的感觉。圆脊既可以使薄书增加厚重感，又可以使厚书具有温和感，打开后会形成一个小的空间，有的书籍甚至在书脊的内页做上必要的设计，增加书籍的感染力。平脊则与封面成90度角，此种书脊大多与硬封匹配，形成平整、挺拔之感，现代感较强，但适宜于不超过25mm的书籍，否则，在使用一段时间后，书口部分容易隆起，有损美观。另外，粘连书页的脊头和丝带的颜色也要和封面及书芯的色调取得一致。

　　精装书的设计一定要注意各要素之间的关系，其对整体性的把握较平装书更强。如吕敬人先生设计的文学著作《家》，就十分注重整体的设计效果（见图4-13、图4-14）。整个设计运用"门"和背影为设计元素，书脊上鲜红的"家"字与凄凉的背影形成视觉的焦点，护封、内封、环衬和扉页都出现"门环"，精心的设计使有限的设计面积带来无限的遐想，准确地传达出巴金小说所表达的主题。因此说成功的书籍设计应是包含封面、环衬、扉页、序言、目录、正文、各级文字、图像、纹饰、空白、线条、标记、页码等组成部分的整体设计，是有血有肉的设计。

　　再者，精装书的设计形式也可以更加多样，这主要针对那种精心设计、出版数量相对较少的精装书。如荷兰出版的《SHV沉思录》，设计师花了5年的时间才完成它，共2000多页，3.6千克重，厚度为114mm（见图4-15至图4-17）。

图4-13 精装书封面设计/吕敬人

图4-14 精装书封面设计/吕敬人

图4-15 精装书装帧设计/艾尔玛·布姆/荷兰

图4-16 精装书装帧设计/艾尔玛·布姆/荷兰

图4-17 精装书装帧设计/艾尔玛·布姆/荷兰

图4-18 精装书装帧设计/诺斯/英国

当打开书时，书的插图和印在页边上的文字便映入眼帘，其他隐藏的信息做成水印图文，只有透过一些特别处理的纸才能显现。它使用了许多高新科技，包括文字激光刻印技术，使得每本书的售价很高，人们把每一本都视为珍藏本。再如伦敦出版的一本关于建筑的书籍《圆顶建筑》，该书被放在一个专门定制的圆形塑料盒中，为了烘托《圆顶建筑》的主题，书被设计成圆形版式并在盒子的左下角装订（见图4-18）。乳白色的无光材料做成的标题"Dome"以点状浮凸于盒子表面。L形透明的凹陷标志里面印刷了许多印刷说明。同样的信息在书籍的封面上重复出现。这种圆形开本的书本身就像一个建筑物，被许多人收藏。

4.2.2 精装书封面材质的选取

精装书的设计，材质的选择很重要，不同的材质形成不同的肌理和质感，它关系到整本书的格调和设计方式。合理运用材质，有时会达到意想不到的效果。

纸张是最常用的材料之一，它轻便、价格适中、形式多样，不同的色泽、纹样、厚度都传达出不一样的感受。如英国一珠宝设计的宣传册Maria Harrison Synthesis，就采用了各种材质，达到精美的效果（见图4-19）。这个宣传册的外套由比较柔软透明的PVC做成。这种材料使整个小册子有柔软的手感，里面的纸张采用棉质，也具有同样好的手感。封面和正文采用同样的纸，非常容易弯曲。小册子中间插有橙黄色的透明薄膜，下面的图清晰可见。当读者阅读这本小册子时，会感到它被赋予了一种魔力。

除纸张外，纺织物是精装书内封设计常用的材料之一。它包括稠密的棉、麻、人造纤维等；也包括光润平滑的柞绸、天鹅绒、涤纶、贝纶等。设计者可以根据书籍内容和功能的不同，选择合适的织物。如经常翻阅的书可考虑用结实的织物装裱，而表达细腻的风格则可选用光滑的丝织品等。目前，也有许多设计师直接采用衣物材质进行书籍封面包装，如牛仔裤的斜纹和线头都会给设计师以灵感。

由于要考虑到书的内容、种类、使用对象、销售价格等多方面因素，故在内封设计时有的用全织物的、有的用半织物的、有的用带肌理的特种纸，形式多样，因地制宜。若底色是深色，用明暗对比强的色如白、烫金、烫银、起凸等，把书名、作者名等文字编排好。若是浅底色，用黑色、纯色、灰色设计上面的文字，设计必须简单，避免多余之物。前封通常有一组文字或一个小装饰图案，以便和后封区别。

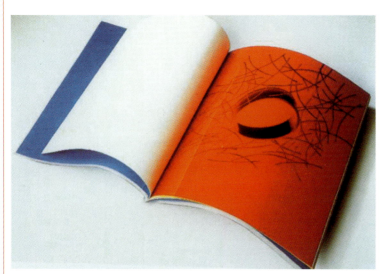

图4-19 精装书装帧设计/《装帧设计》

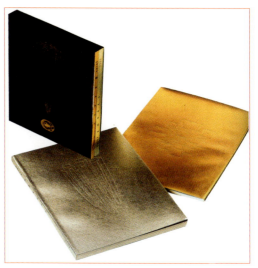

图4-20 精装书装帧设计/刘小康

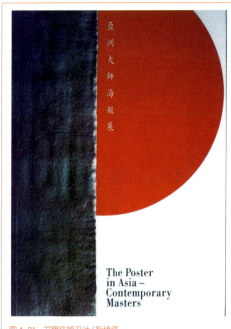

图 4-21 书籍装帧设计 / 靳埭强

图 4-22 精装书装帧设计 / 关慧芹

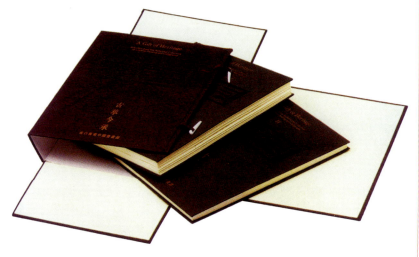

图 4-23 书籍封面设计 / 尤碧珊

　　皮革作为封面设计的材料之一，相对来说价格昂贵，且加工困难。通常是数量很少，且需要珍藏的精美版本，才使用这种昂贵的材料。各种皮革都有它技术加工和艺术上的特点，在使用时要注意各种皮革的不同特性。猪皮的皮纹比较粗糙，以体现粗犷有力的文学语言见长；羊皮较为柔软细腻，但易磨损；牛皮质地坚硬，韧性好，但加工较为困难，适用于大开本的设计。优质的皮革，由于其美观的皮纹和色泽，以及烫印后明显的凹凸对比，在各种封面材质中显得出类拔萃。在《马克思手稿影真》一书的设计中，吕敬人通过纸张、木板、牛皮、金属以及印刷雕刻等工艺演绎出一本全新的书籍形态（见图4-24）。尤其在封面不同质感的木板和皮带上雕出细腻的文字和图像，更是别出心裁，趣味盎然。

　　另外，人造革和聚氯乙烯涂层都可以用来擦洗、烫印，加工方便，价格便宜，因而是精装书封面经常采用的材料，尤其是用量较大的系列丛书封面，也常用于平装书的封面。

4.2.3　护封的设计艺术

　　护封可称为精装书籍的外貌，它是包在书籍外面的书皮，作用是保护封面,同时也起到装饰作用和宣传效果。它是读者的介绍人,使读者注意它、靠近它,向读者介绍这本书的精神和内容,并促使读者购买这本书。

护封的高度与内封相等,长度能包裹住内封的前封、书脊和后封,并在两边各有一个向里折的5~10cm的勒口(有的勒口可能会超出这一尺度)。从护封的折痕可以将其分为前封、后封、书脊、前勒口、后勒口和里页。

精装书的护封设计和平装书的封面设计基本相同,只是护封必然有前后勒

图4-24 精装书装帧设计 / 吕敬人

图4-25 精装书装帧设计 / 宁成春

图4-26 书籍装帧设计 /《装帧设计》

图4-27 书籍装帧设计 / 吕敬人

图4-28 书籍装帧设计 /《平面港》

口，平装书则不一定。再者，护封可以从书上取下来，因此，除在前后封、书脊、勒口上下功夫设计外，还可以考虑护封里页的设计。但是，目前护封的里页还较少被注意和利用。简单的里页设计，哪怕只是文字的编排，都可以给读者耳目一新的感受，从而传达相应的信息。护封的勒口设计更加灵活多样，太小面积的勒口很容易从封面上脱落下来，故护封的勒口设计应十分注意。一般都在5~10cm，但也有设计得与前后封的大小相当，有的甚至是前后封的两倍（见图4-31）。这样的勒口设计除增加牢固性外，主要是扩大整个护封的面积，从而增加更多的广告内容或加强设计的形式美感，增加书籍的感染力。

我们再一次强调，书籍是三次元的六面体，是立体的存在。当我们拿起书籍，手触目视心读，上下左右，前后翻转，书与人之间产生具有动感的交流时，这种立体的存在更为明显。因此在设计书籍时，一定要立体化、全方位地进行设计，包括上下切口、飘口都可以看作一个面进行设计。例如，吕敬人先生设计的书籍《黑与白》，不仅书脊和封面上的设计表现得非常到位，同时，切口和飘口处也有精到的设计，黑白色块的交错，很好地传达了该书的主题，也给读者以全新的、立体的视觉效果（见图4-32）。

护封的一种特殊形式是腰封。它是在书籍印出之后才加上去的。往往是在出书后出现了与这本书相关的重要事件，而又必须补充介绍给读者，例如该书

图4-29　书籍装帧设计／吕敬人

图4-30　书籍护封设计／陈超宏

图4-31　书籍装帧设计／格特·冯德里希／德国

图4-32 书籍装帧设计/吕敬人

图4-33 书籍封套设计/吕敬人

获得了某种奖项或该书的作者获奖等情况。腰封裹住护封的下部，高约5cm，只及护封的腰部，又称半护封。腰封的使用只是起加强读者印象或促进销售的作用，而不应影响封面的整体效果。

另外，有的精装书外面还有书盒或函套，其作用与护封相似。大多数函套是用硬纸板制成的，也有的是用木材、织物或皮革制成，五面订合，一面开口，当书籍装入时正好露出书脊。对于成系列的丛书，大部分用书盒装盛，即六面全部包裹的形式。函套或书盒的设计首先应考虑其功能的合理性，其次是突出整套（本）书的格调。有的也可有广告宣传作用，代替护封。因此，有书盒的精装书籍也可以不用护封。

4.3 封面设计的基本方法

4.3.1 构思（立意）

构思是封面设计的第一步，也是最重要的一步。中国画主张"意在笔先"。所谓"意"就是构思，构思是造型的灵魂。因为装帧设计有它的"命题性"，必须根据其内容进行构思、创作，也就是要求设计者创造出独特的艺术意境。

书籍装帧设计的重要部分就是封面设计。封面设计是视觉艺术，它的立意应该通过有特点、有启示、有寓意、有联想的图形或文字编排来体现，切忌简

图4-34 书籍封面设计/靳埭强

单图解。要在视觉上和心理上用引起读者美感的艺术语言来传递全书的内涵和风格。设计的意念和表现形式是多姿多彩的，设计师亦不可依从一个公式去设计。

首先，书籍装帧设计的第一步就是设计者必须熟悉书的内容。优秀的书籍设计，在于把握内容精神的准确传达。如果是文学书籍，还要了解作者的意图，体味书中文字所带来的感受，从而提炼出整本书的风格特点。对同一作者的系列丛书或同一时期不同作者的系列书籍，不仅要把握作者的意图，还要了解作者的时代背景，也可以借助其他学术评论加深了解。总之，书籍设计与绘画作品不同，它是从属于书籍的，必须反映书的内容、性质和精神，否则，就谈不上书籍设计。

书籍设计是图书灵魂的外在体现。设计师必须根据不同的图书体裁、题材、风格等，注入设计师不断升华的设计理念。注重文化内涵、讲究艺术品位、追求个性特征被越来越多的装帧设计者所重视。对国外装帧艺术设计形式的学习和借鉴，已不再停留在生搬硬套的表面抄袭上，而是将国外装帧形式中的浓烈色彩、令人振奋的视觉冲击力、奔放的热情融入具有我国民族特色的装帧形式中，设计出一批体现中华民族文化特征，真正具有中国气派的好书。

另外，现代书籍封面在设计时还必须考虑到读者的层次、爱好、知识水平等。只有充分了解目标受众的特点，才能设计出符合读者心理的优秀作品，而

图4-35　书籍封面设计 / 韩家英　　　　　　　　　　　　图4-36　书籍封面设计 / 原研哉 / 日本

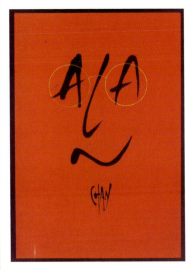

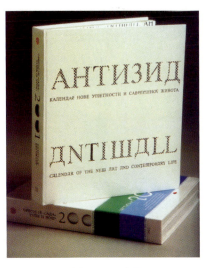

图4-37 书籍封面设计/陈幼坚　　图4-38 书籍封面设计/靳埭强　　图4-39 书籍封面设计/Mirko Llic/美国

不是设计家的孤芳自赏。但了解市场，了解读者并不是说要放弃设计者的创造性，相反，是将设计者的创造性发挥得更好，只有在充分占有详尽资料的条件下，设计作品才能有的放矢、脱颖而出。

在把握了书籍的基本特性和足够的调查后，则应着力把重点放在如何运用视觉语言上。考虑如何准确地把作者和书的特性传达给读者。这里除需要设计者的自身素养外，还需要多查阅资料，多画草图，从草图到定稿的过程是一项艰苦的劳动，要反复比较、筛选、补充和完善，它是整个设计的中心。不同的书籍，有不同的特点，在构思活动及草图设计中，恰当地运用联想、比喻、象征、拟人、抽象、夸张、创造等方法，能使构思巧妙并具有深度。

在构思方法上，我们可以借鉴广告中常用的思考方法。一种为垂直思考法，这种方法是按照一定的思考路线，在一个固定的范围内，自上而下进行垂直思考。此方法偏重于借鉴旧经验、旧知识来产生创意，能够在社会公众既定心理基础上作出创意的诉求，但是结果比较雷同。另一种为水平思考法，这种方法是思考问题时能摆脱旧经验的约束，打破常规，创造出新的观念，这种方法的使用一般是基于人的发散思维，故又称这种方法为发散式思维法。

另外，集体构思法也是十分有效的方法之一。它是美国BBDO广告公司一个叫奥斯本的先生倡导的"脑力激荡法"，也叫"头脑旋风法"、"智力激励法"、"集体构思法"或"动脑会议"，是用集体的智能在一小时内得出几十个或几百个构思。它是采取集思广益的方法，前一天发出台集书，写明开会时间、地点、内容，参加人员有业务员、设计人员，男女兼之，人数10~15人，12人最佳。开会时，每人均可自由发表意见，不准驳斥或否定他人提议（只能会后说），但可以在别人的创意上发挥、联想、改进，越新奇越好，以便产生新创意，时间30~60分钟，然后台集人将创意分类，取其精华，写成草稿，让有关人评定。

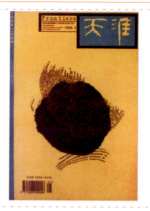

图 4-40　书籍封面设计 / 韩家英

图 4-41　书籍封面设计 / 格特·冯德里希 / 德国

4.3.2　表现手法

装帧设计的表现手法有具象的、抽象的、装饰的等表现形式。各种表现手法各有其特点。

(1) 具象手法

具象手法的特点是，运用写实性手法，使读者能从直观形象中了解书籍的内容、性质，给人的印象是真实的、立体的。少儿类、科技类、通俗类书籍用此手法较多。具象的表现手法常见的有摄影手法，设计师的构思和电脑制作的配合，可使视觉形象更美好。也可以采用手绘水彩、水粉、喷绘等手段。

(2) 抽象手法

抽象手法用联想、比喻、象征等方法间接地体现书籍的内容、精神，其特点是高度概括和精练，给人的印象是广阔的、深远的、无限的。抽象的表现手法是以点、线、面来表现特征及构成形式，用点的聚散，线的疏密，块面的大小对比，色块的层次来表现。装帧设计单纯、简洁的艺术风格由图书本身的文化属性所决定。20世纪90年代以前，中国的出版物基本上还处于凸版铅印的阶段，由于科技落后和经济制约，一般设计用色限制在三至四色以下。但那个年代的设计大师在有限的用色条件下，精于构图，以概括、洗练的设计构成，单纯的设计，同样呈现出较为丰富的视觉效果，典雅大方。如果说，那个时代装帧的单纯、简洁，多少有些受条件限制，多少有些被动因素的话，那么，现代设计师的单纯、简洁则完全出于主观要求。他们使装饰语言从属设计语言，化繁为简，惜墨如金，尽可能做到以最少的设计语言传达最多的视觉信息。

4.3.3 设计要素

封面设计依靠文字、图形、色彩的编排来体现设计的构思、立意，将不同形态的文字、图形、色彩置于不同的位置，产生出不同的感觉。

(1)构图

构图是把构思中形成的形象在画面上组织起来，进行编排，即在一定的格式内进行文字、图形的布局。其形式有：垂直式、水平式（横式）、双竖式、交叉式、向心式、回字式、"T"式、"L"式、"Z"式、放射式，等等，由此再组合进行派生变化，使得构图千变万化。我们在基础训练《平面设计》中已掌握这些形式，为整个格局提供了大体上的骨架。构图中最重要的是主题突出，不能喧宾夺主。

(2)文字

文字在封面视觉上，虽不算首先进入读者视线，但文字是书的载体，封面上的文字是读者了解书籍内容的一把钥匙。文字是封面必不可少的组成部分。封面上的文字主要指书名、作者名和出版社名。所以创意即从书名开始，书名文字本身的造型设计是书籍设计的重要环节。把文字作为形象来设计，起源于象形文字的汉字，在设计上有无限可挖掘的造型潜力和设计空间。封面设计中，有的是纯文字设计，没有图形，它需要考虑的是文字之间的配合，文字的合理编排，字体字号的正确选择。可根据构成的需要和书的风格把充满活力的封面字体视为点、线、面来排列组合。

(3)图形

图形是一种世界语言，它超越地域和国家，不分民族、不分国家，普遍为

图4-42 书籍封面设计 /Niklaus Troxler/ 瑞士

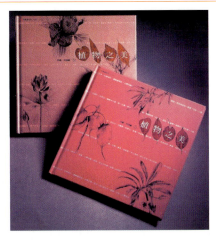

图4-43 书籍封面设计 /柯鸿图

人所看懂。封面上一切具有形象的都可称之为图形，包括摄影、绘画、图案等，分写实、抽象、写意、装饰等。书籍封面的图形，可以是具象的，也可以是抽象的、装饰性的，或漫画性的，要根据书籍的内容和主题来选择适当的图形表现。现代封面设计因为运用了电脑，摄影、图形经过电脑图像软件综合处理，出现了许多新的表现语言，画面变得更加细腻、丰富，层次感更强了。

(4) 色彩

色彩的恰当运用是封面设计成败的关键。因为色先之于形，尤其是在远距离识别上，要注意色彩面积、色相、纯度及明度等要素的处理。设计中既要把握主色调，运用不同的色调来处理不同的画面；也要将各种因素有机结合，运用色彩对比、调和关系，充分体现书籍的内容和风格。

现代书籍设计理念认为，达到书的理性构造有两条路：一条是以感性创造过程为基础的艺术之路，另一条是以信息积累、整体构成和工艺技术为内容的工学之路。书籍设计者单凭感性的艺术感觉还不够，还要相应地运用人类工学概念去完善、补充。工学分为三个方面：首先是原著触发的想像力和设计思维，它构成读物的启示点。在此基础上，把文字、图像、色彩、素材进行创造性组合，以理性的把握创制出具有全新风格特征的书籍形态。最后，进入工艺流程，实现书籍形态设计的整体构想。

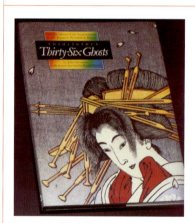
图4-44 书籍封面设计/石汉瑞

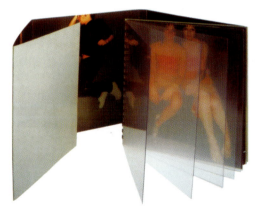
图4-45 宣传册装帧设计/《装帧设计》

图4-46 书籍封面设计/吕敬人

思考题：

1. 精装书和平装书的区别是什么？
2. 护封设计应注意哪些问题？
3. 简述材质的选择对书籍设计的影响。
4. 做一画册的精装本。开本要求大16开，注意材质的合理运用。
5. 做一诗集的平装本。开本要求：11cm×18cm，厚1cm，注意构图、文字、图形及色彩的合理搭配。

第5章　书籍装帧的版式设计艺术

版式设计是现代设计艺术的重要组成部分，是视觉传达的重要手段。其宗旨是在版面上将文字、插图、图形等视觉元素进行有机的排列组合，通过整体形成的视觉感染力与冲击力、次序感与节奏感，将理性思维个性化地表现出来，使其成为具有最大诉求效果的构成技术，最终以优秀的布局来实现卓越的设计。这就要求设计师必须分析设计对象在内容上的主次、轻重关系，并调动自己的全部智慧、情感和想像力，将各种文字图形按照视觉美感和内容上的逻辑统一起来，形成一个具有视觉魅力的整体。版式设计的范围涉及报纸、杂志、包装、招贴、书籍、宣传样本等平面设计各个领域。

5.1 版式设计的概念

版式设计是按照一定的视觉表达内容的需要和审美的规律结合各种平面设计的具体特点，运用各种视觉要素和构成要素，将各种文字图形及其他视觉形象加以组合编排，进行表现的一种视觉传达设计方法。书籍的版式设计是指在一种既定的开本上，把书稿的结构层次、文字、图表等方面进行艺术而又科学的处理，使书籍内部的各个组成部分的结构形式，既能与书籍的开本、装订、封面等外部形式协调，又能给读者提供阅读上的方便和视觉享受。所以说版式设计是书籍设计的核心部分。

5.2　版式风格

5.2.1　古典版式设计

自五百多年前德国人谷腾堡创立欧洲书籍艺术以来，至今仍处于主要地位的是古典版式设计。这是一种以订口为轴心左右页对称的形式。内文版式有严格的限定，字距、行距有统一的尺寸标准，天头、地脚、内外白边均按照一定的比例关系组成一个保护性的框子。文字油墨深浅和嵌入版心内图片的黑白关系都有严格的对应标准（见图5-1至图5-4）。

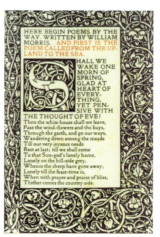
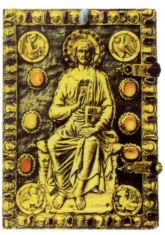

图5-1　古抄本的版式设计/《书籍设计》　图5-2　《42行圣经》版式设计/谷腾堡/德国　图5-3　《路边诗集》设计/莫里斯/英国　图5-4　宗教书籍设计/《书籍设计》

5.2.2　网格版式设计

网格设计产生于20世纪初，完善于20世纪50年代的瑞士。其风格特点是运用数学的比例关系，通过严格的计算把版心划分为无数统一尺寸的网格，也就是把版心的高和宽分为一栏、二栏、三栏，以及更多的栏，由此规定了一定的标准尺寸，运用这个标准尺寸的控制，安排文字和图片，使版面取得有节奏的组合，产生优美的韵律关系，未印刷部分成为被印刷部分的背景。

网格版式设计分为正方形网格、长方形网格、重叠网格、栏目宽度不同的网格、有重点的网格等形式，设计师根据所设计书籍杂志的类型来选择不同的网格形式。由此可见，网格版式设计与古典版式设计相比，显然是以一种完全不同的设计原则为基础的，它的特征是重视比例感、秩序感、连续感、清晰感、时代感和正确性，是以理性为基础的，与以感性为基础的自由版式设计形成了强烈的对比（见图5-5至图5-7）。

图 5-5 网格版式设计 /《版面与广告设计》

图 5-6 网格版式设计 /《版面与广告设计》

图 5-7 封面设计 /《装帧篇》

5.2.3 自由版式设计

自由版式的雏形源于未来主义运动，"未来主义"的称谓源于1909年意大利未来派诗人费里波·马里涅蒂在《费加罗报》上发表的《未来主义宣言》。未来主义者受当时欧洲流行的无政府主义思潮的影响，反对任何传统的艺术形式，认为真正艺术创作的灵感应该是来源于工业革命后的技术成就，而不是古典的传统。他们歌颂技术之美、战争之美、现代技术和速度之美。其影响范围之广，涉及绘画、雕塑、诗歌、戏剧、音乐，甚至延伸到烹饪领域。

在这个时期，未来主义艺术家设计了大量平面设计作品，形成了自己的平面设计风格，被称为"自由文字"。这时，文字的传统功能被颠覆了，它跨越了表达内容的重要功能，被认为是视觉符号的元素，成为类似绘画图形一样的结构材料，人们可像绘画构图一样自由安排和布局画面，不受任何固有的原则限制。为了进行未来主义宣传和树立未来主义的精神，马里涅蒂撰写了大量的诗歌，这些诗歌都是违反常规语法和句法的，甚至根本无法正常阅读。他的诗歌在编排上纵横交错、杂乱无章、字体各样、大小不一，马里涅蒂以抛弃和谐作为一种设计特征，在一个版面上可以有3~4种油墨色彩和20种字样，用动态的、非直线的构图突出文字的象征意义。如斜体代表快的印象，黑体代表剧烈的噪声和声音，从而使文字的表达能力加倍。

自由版式的诞生，源于科技成果的突破。激光照排的产生，电脑制版技术的普及，使自由版式的发展有了更大的空间，书页可以完全自由地设计，而不受铅字框架的限制。这种在20世纪70年代形成于美国的自由版式设计，超越了传统的版式设计界线，它的印刷部分和未印刷部分被视为同等重要的，它能构成活泼、表情丰富的版面。自由版式设计目前主要应用于一些特定的出版物，是一种正在发展和很有潜力的设计方法。

自由版式设计同样必须遵循设计规律，同时又可以产生绘画般的效果。根据版面的需要，某些文字能够融入画面而不考虑它的可读性，同时又不削弱主题，重要的是按照不同的书籍内容赋予它合适的外观（见图5-8至图5-10）。

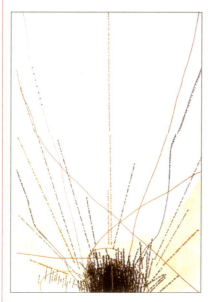
图5-8　自由版式设计/《书籍设计》

图5-9　自由版式设计/马志敏

图5-10　自由版式设计/王燕晖

5.3　书籍版式设计的基本流程

5.3.1　版心

版心也称版口，指书籍翻开后两页成对的双页上容纳图文信息的面积。版心的四周留有一定的空白，上面叫做上白边，下面叫做下白边，靠近书口和订口的空白叫外白边和内白边。也依次称为天头、地脚、书口和订口。这种双页上对称的版心设计我们称为古典版式设计，是书籍千百年来形成的模式和格局（见图5-11）。

版心在版面的位置，按照中国直排书籍的传统方式是偏下方的，上白边大于下白边，便于读者在天头加注眉批。而现代书籍绝大部分是横排书籍，版心的设计取决于所选的书籍开本，要从书籍的性质出发，方便读者阅读，寻求高和宽、版心与边框、天地头和内外白边之间的比例关系。

5.3.2 排式

排式是指正文的字序和行序的排列方式。我国传统的书籍大都采用直排方式，即字序自上而下，行序自右而左。这种形式是和汉字书写的习惯顺序一致的。现在出版的书籍，绝大多数采用横排。横排的字序自左而右，行序是自上而下。横排形式适宜于人类的眼睛的生理结构，便于阅读。

字行的长度，也有一定的限制，一般不超过80~105mm。有较宽的插图或表格的书籍，要求较宽的版心时，最好排成双栏或多栏（见图5-12、图5-13）。

图5-11 版式设计／卡利兹·莱温／英国

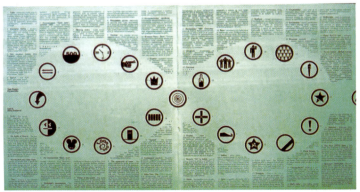

图5-12 版式设计／《装帧篇》

图5-13 版式设计／《中国平面设计》

5.3.3 确定字体

　　字体是书籍设计的最基本因素，它的任务是使文稿能够阅读，字形在阅读时往往不被注意，但它的美感不仅随着视线在字里行间移动，而且会产生直接的心理反应。因此，当版式的基本格式定下来以后，就必须确定字体和字号。常用设计字体有宋体、仿宋体、楷体、黑体、圆体、隶书、魏碑体、综艺体等。

　　宋体的特征是字形方正，结构严谨，笔画横细竖粗，在印刷字体中历史最长，用来排印书版，整齐均匀，阅读效果好，是一般书籍最常用的主要字体。

　　仿宋体是模仿宋版书的字体。其特征是字形略长，笔画粗细匀称，结构优美，适合排印诗集和短文，或用于序、跋、注释、图片说明和小标题等。它的笔画较细，阅读时间长了容易损耗目力，效果不如宋体，因此不宜排印长篇的书籍。

　　楷体的间架结构和运笔方法与手写楷书完全一致，由于笔画和间架整齐、规范，只适合排小学低年级的课本和儿童读物，一般的书不用它排正文，仅用于短文和分级的标题。

　　黑体的形态和宋体相反，横竖笔画粗细一致，虽不如宋体活泼，却因为它结构紧密、庄重有力，常用于标题和重点文句。由于色调过重，不宜排印正文。而由黑体演变而来的圆黑体，具有笔画粗细一致的特征，只是把方头方角改成了圆头圆角，在结构上比黑体更显得饱满充头，有配套的各种粗细之分，其细体也适用于排印某些出版物。

　　也有一些字体电脑字库里是没有的，需要直接借助电脑软件创制，还有些字体，需要靠手绘创制出基本字形后，再通过扫描仪扫描在电脑软件中加工。每本书不一定限用一种字体，但原则上以一种字体为主，他种字体为辅。在同一版面上通常只用2~3种字体，过多了就会使读者视觉感到杂乱，妨碍视力集中。常用书籍装帧设计字体见图5-16。

　　书籍正文用字的大小直接影响到版心的容字量。在字数不变时，字号的大小和页数的多少成正比。一些篇幅很多的廉价书或字典等工具书不允许很大很厚，可用较小的字体。相反，一些篇幅较少的书如诗集等可用大一些的字体。一般书籍排印所使用的字体，9~11P的字体对成年人连续阅读最为适宜。8P字体使眼睛过早疲劳。但若用12P或更大的字号，按正常阅读距离，在一定视点下，能见到的字又较少了。大量阅读小于9P字体会损伤眼睛，应避免用小号字排印长的文稿。儿童读物须用16P字体。小学生随着年龄的增长，课本所用字体逐渐由16P到14P或12P。老年人的视力比较差，为了保护眼睛，也应使用较大的字体。

书籍装帧设计 （宋体）
书籍装帧设计 （宋体）
书籍装帧设计 （楷体）
书籍装帧设计 （隶书）
书籍装帧设计 （大宋）
书籍装帧设计 （长美黑）
书籍装帧设计 （细等线）
书籍装帧设计 （小标宋）
书籍装帧设计 （粗圆）
书籍装帧设计 （细圆）
书籍装帧设计 （超粗黑）
书籍装帧设计 （琥珀体）
书籍装帧设计 （综艺简体）

图 5-14　字体设计 / 杨小勤　　　图 5-15　封面设计 / 吕敬人　　　图 5-16　常用书籍装帧设计字体

5.3.4　字距和行距

字距指文字行中字与字之间的空白距离，行距指两行文字之间的空白距离。一般图书的字距大多为所用正文字的五分之一宽度，行距大多为所用正文字的二分之一高度，即占半个字空位。但无论何种书，行距要大于字距。

5.3.5　确定版面率

版面率是指文字内容在版心中所占的比率。版面中文字内容多则版面率高，反之则低。从一定角度上讲，版面率反映着设计对象在价格方面的定位。在现实的设计过程中，要求设计者认真地对设计对象的内容、成本以及开本的大小、设计风格等诸多因素进行全面考虑，从而最后确定设计稿的版面率。

5.3.6　按已定书籍开本比例确定文字和插图的位置

版面的设计取决于所选的书籍开本，要从书籍的性质出发，寻求高与宽、版心与边框、天地头和内外白边之间的比例关系。还要从整体上考虑分配至各版面的文字和插图的比量。对原稿文字的数量（包括标点符号和段落空格）及行数进行粗略估算，同时考虑一级标题、二级标题……及正文在各版面上的空间量，版面上若有插图，要留出插图的空间量。根据草图编排，在版面上确定插图的比例位置，将版面上文字与插图图片的节奏关系调整好，要注意画面的可读性和易读性。然后在电脑上按1：1的比例关系确定文字和插图的具体位置，打印出来后，再手工调整，最后标出具体尺寸（见图5-20）。

图5-17 版面设计/蔡娟娟

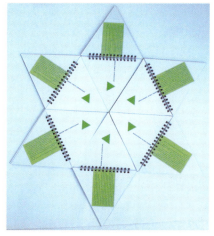
图5-18 宣传册设计/孙立

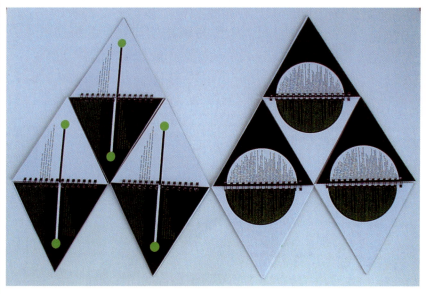

图5-19 宣传册设计/孙立　　　　　　　　　　　图5-20 版面设计

5.3.7 定稿

将版式设计稿交客户过目，与客户多次沟通思想，交换意见后，完善设计稿，再经客户审后定稿，然后在电脑上制作制版用的正稿。

5.4 版式中正文设计的其他因素

版面设计中，除确定版面率，确定规范字体、字号、字距及行距外，还会涉及正文设计中的其他因素。

5.4.1 重点标志

在正文中，一个名词、人名或地名，一个句子或一段文字等可以用各种方法加以突出使之醒目，引起读者注意。在外文中，排印正文的斜体是最有效的和最美观的突出重点的方法。在中文中，一般用黑体、宋黑体、楷体、仿宋体及其他字体，以示区别正文。

5.4.2 段落区分

一般书籍的正文段落区分采用缩格的方法。每一段文字的起行留空,一般都占两个字的位置,也就是缩两格,但多栏排的书籍,每行字数不是很多时,起行也有只空一格的。段落起行的处理是为了方便阅读,也有一些书,从书籍的性质和内容出发,采用首写字加大、换色、变形等方法来处理。

5.4.3 页码

页码是用于计算书籍的页数,可以使整本书的前后次序不致混乱,是读者查检目录和作品布局所必不可少的(见图5-21、图5-22)。

多数图书的页码位置都放在版心的下面靠近书口的地方,与版心距离为一个正文字的高度。有将页码放在版心下面正中间的,也有放在上面、外侧和里面靠近订口的。排有页标题的书籍,页码可与页标题合排在一起。

也有一些图书,某页面为满版插图时,或在原定标页码部位被出血插图所占用时,应将页码改为暗码,即不注页码,但占相应页码数。还有一些图书,正文从"3、5、7"等页码数开始,而前面扉页、序言页等并没排页码,这类未标页码的前几页码被称为空页码,也占相应页码数(见图5-23)。

图5-22 页码设计/邓丹

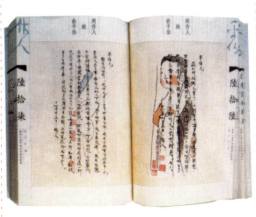

图5-21 书籍设计/吕敬人

图5-23 页码、暗码设计/吕敬人

页码字可与正文字同样大小，也可大于或小于正文字，有些图书页码还衬以装饰纹样、色块，但页码的装饰和布局必须统一在整个版面的设计中，夸大它的重要性是不必要的。

5.4.4 页眉（页标题）

页眉指设在书籍天头上比正文字略小的章节名或书名。页码往往排在页眉同一行的外侧，页眉下有时还加一条长直线，这条线被称为书眉线。页眉的文字可排在居中，也可排在两旁。通常放在版心的上面，也有的放在地脚处（见图5-24）。

5.4.5 标题

书籍中的标题有繁有简，一般文学创作仅有章题，而学术性的著作则常常分部分篇，篇下面再分章、节、小节和其他小标题等，层次十分复杂。为了在版面上准确表现各级标题之间的主次性，除了对各级字号、字体予以变化外，版面空间的大小，装饰纹样的繁简，色彩的变换等都是可考虑的因素。重要篇章的标题必要时可从新的一页开始，排成占全页的篇章页。标题的位置一般在版心三分之一到六分之一的上方。也有追求特殊效果把标题放在版心的下半部。应避免标题放在版心的最下面，尤其在单页码上，更要注意，要使标题不脱离正文（见图5-25、图5-26）。

副标题在正标题的下面，通常用比正标题小一些的另一种字体。

标题所占位置的大小，应根据具体情况而定。一般另页起排的重要标题约占版心的四分之一，接排的标题视轻重占四五行至一二行不等，下面再接排正文。标题下的正文第一行必须和邻页同一行保持在一条线上。一般情况下，横

图5-24　页眉设计《编排设计》　　　　　　　　　　　　　　　　图5-25　标题设计

图 5-26　标题设计

排本书籍的标题宽大于四分之三版面时，应考虑将超过该宽度部分的标题字转入下一行排列，但骑马订书籍标题宽在大于五分之四版面宽时，才考虑将超出部分转入下一行排列。注意尽量使两行标题的宽度不相等。

5.4.6　注文

注文是对正文中某一名词、某一句、某一段文字等所加的解释。

1．夹注

注文夹排在正文中间，紧接着被解释的正文后面。夹注用于注文很少，或者要注释的字数不多时的情况，所用字号与正文字号相同，前后加排括号或破折号直接进行解释。

2．脚注

把本页的注文集中放在版心内正文下方的位置，顺序分条排列，这种脚注和正文在同一页上，既保持了版面的完整，又便于读者检阅，是一种最合理的方式。

3．文后注

把书籍中所有的注文用连续数字标出，集中顺序在正文的后面进行注释，称书后注或文后注。该页的注文排在本面的末尾，称页后注，另外还有篇后注、段后注等。

4．边注

边注是从画册中图片的注文形式发展来的，一般用于科技书籍、画册图片的编号和简短的注释。

注文的字体应比正文字体小一号或两号，行距也应相对缩小。注文必须放在版心以内，可以用一空行或加一条细线与正文隔开。

5.4.7 插图

插图是书籍艺术中的一个重要部分,是对书籍内容的补充。插图可增强读者的趣味性,也可再现文字语言所表达的视觉形象,帮助读者理解内容。书籍的插图大致分为文艺性插图和科技性插图(见图5-27、图5-28)。

1. 文艺性插图

选择书中有典型意义的人物和场面,用形象描绘出来。这类插图不仅可以增加阅读的兴趣,并且能够以艺术的形象加强作品的感染力,使读者留下更深刻的印象。

2. 科技性插图

这样的插图大多用于科技读物及史地书籍,是为了帮助读者理解书的内容,以补充文字难以表达的部分。在表现手法上应力求清楚准确,能够说明问题。

插图是书籍装帧总体的一部分,要求它的形式在书页版面上与文字相互协调,形成统一的效果。插图的位置可以和文字在同一页或文字对页或正文的后面,称为文间插图、单页插图和集合插图。

图5-27 书籍设计/吕敬人

图5-28 插图设计/《平面港》

3.插图的配置

在双页上,插图与文字有各种组合形式:整页的、半页的、通栏的、双页的、出血的,等等。整页的插图通常与版心的大小一致;半页的插图,它的宽度应与版心一致,高度可不同;当插图大于版心三分之一时,应通栏放在居中;当插图的宽度超过版心时,可将插图横放,但全书方向要一致,双页码图脚向订口,单页码图脚向切口;根据书籍的需要,插图可能超出版心,称之为出血版插图,插图出血部分,一般要预留3mm可能被裁掉的空白;当插图需要有连续性时,编排要有次序感;对于必须通页的插图,中间的订口位置,尽可能不破坏插图的整体感;需要加边注的插图,插图与文字间距离一般为3mm以上。

书籍插图的表现手法非常多,有手绘插图、木刻插图、铜刻插图、石印插图等。在设计风格上要和文字的形态、书籍的体裁相吻合,共同形成书籍的整体风格。

5.5 书籍装帧的版式设计

文字、图形、色彩在版式设计中是三个密切相联的表现要素,就视觉语言的表现风格而言,在一本书中要求做到三者相互协调统一。书籍本身有许多种形式,在版式设计上要求各异。

5.5.1 文字群体编排

文字群体的主体是正文,全部版面都必须以正文为基础进行设计。一般正文都比较简单朴素,主体性往往被忽略,常需用书眉和标题引起注目。然后通过前文、小标题将视线引入正文。

文字群体编排的类型有,左右对齐——将文字从左端至右端的长度固定,使文字群体的两端整齐美观;行首取齐,行尾听其自然——将文字行首取齐,行尾则顺其自然或根据单字情况另起下行;中间取齐——将文字各行的中央对齐,组成平衡对称美观的文字群体;行尾取齐——固定尾字,找出字头的位置,以确定起点,这种排列奇特、大胆、生动(见图5-29)。

5.5.2 图文配合的版式

图文配合的版式,排列千变万化,但有一点要注意,即先见文后见图,图必须紧密配合文字(见图5-32至图5-38)。

1.以图为主的版式

儿童书籍以插图为主,文字只占版面的很少部分,有的甚至没有文字,除插图形象的统一外,版式设计时应注意整个书籍视觉上的节奏,把握整体关系。图片为主的版式还有画册、画报和摄影集,等等。这类书籍版面率比较低,在设计骨骼时要考虑好编排的几种变化。有些图片旁需要少量的文字,在编排上与图片在色调上要拉开,构成不同的节奏,同时还要考虑与图片的统一性。

图 5-29 文字编排设计　　图 5-30 文字编排 / 格特·冯德利希 / 德国　　图 5-31 文字编排 /《平面港》

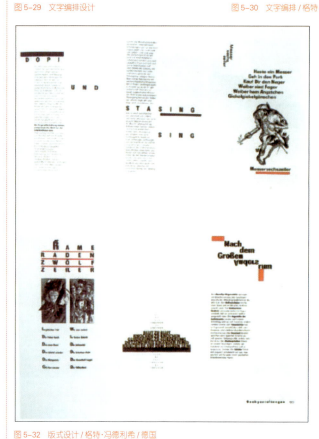

图 5-32 版式设计 / 格特·冯德利希 / 德国　　图 5-33 版式设计 /《平面港》

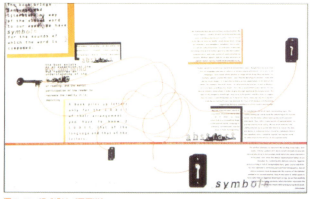

图 5-34 版式设计 /《平面港》　　图 5-35 版式设计 /《平面港》

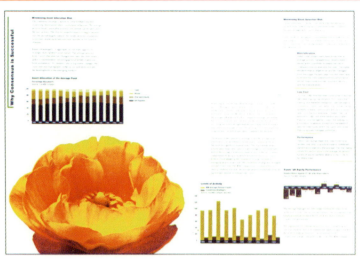

图 5-36　版式设计

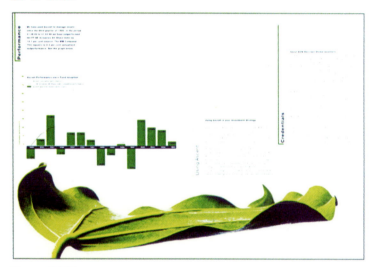

图 5-37　版式设计

图 5-38　版式设计

2.以文字为主的版式

以文字为主的一般书籍，也有少量的图片，在设计时要考虑书籍内容的差别。在设计骨骼时，一般采用通栏或双栏的形式，可以较灵活地处理好图片与文字的关系。

3.图文并重的版式

一般文艺类、经济类、科技类等书籍，采用图文并重的版式。可根据书的性质，以及图片面积的大小进行文字编排，可采用均衡、对称等构图形式。

现代书籍的版式设计在图文处理和编排方面，大量运用电脑软件进行综合处理，带来许多便利，也出现了更多新的表现语言，极大地促进了版式设计的发展。

思考题：

1. 古典版式设计有什么特点？

2. 书籍插图的表现手法有哪些？举例说明。

3. 收集五种文本的版式形式，并分别做寓言故事、诗歌、自选文本主题的版式设计。

4. 设计一本书籍，要求包括封面、扉页、目录、封底、正文两页的版式设计。

第6章 书籍设计程序及案例分析

6.1 书籍设计程序

书籍装帧设计需要经过一系列的设计程序。首先要了解原著的内容实质,可以通过阅读原著加深理解,也可以通过作者简介、评论、关键词等对所要装帧对象的内容、性质、特点和读者对象等做出正确的判断。接着需要对书籍的形态拟出方案,解决开本的大小、精装还是平装、用纸和印刷等问题。在既定的开本、材料和印刷工艺条件下,设计者需要通过想象,调动自己的设计才能,使艺术上的美学追求与书籍"文化形态"的内蕴相呼应,使书稿理解尺度与艺术表现尺度达到充分和谐。以丰富的表现手法,使视觉思维的直观认识与视觉思维的推理认识获得高度统一,从而满足人们知识的、想象的、审美的多方面要求。一般来说,书籍的设计程序有以下几个步骤:

6.1.1　主调设立

书籍设计的最终目的是传达信息，确立主调是完成书籍设计的关键性的第一步。这期间需要设计者了解原著的内容，对装帧对象做出准确判断。接下来要将司空见惯的文字融入自己的情感，这需要设计者有驾驭编排信息秩序的能力，掌握并感受书籍的设计元素，找到触发创作兴趣的点，从而确立符合该设计对象的基本主调。

6.1.2　信息分解

信息分解不是简单的资料整理，而是要进行文化意义上的理解，并在知性基础上展开艺术创作，使主题内容条理化、逻辑化。通过信息的罗列，寻找相互内在的关系，归纳、梳理每一个环节的线索，从而塑造全新的书籍形态，包括对书籍开本的设计、精装或平装的选择、材质的搭配、肌理的处理、纸张和印刷工艺的选择等信息的综合与过滤，通过资料的整合和信息的分解，创造符合表达主题的最佳形式，适应阅读功能的新的书籍造型，此时要注意必须按照不同的书籍内容拟定合适的形态方案，科普书籍与小说类书籍不同，专业教材与休闲读物也有很大区别。当然，这一分类在当代社会中体现出越来越细化的特征，例如，同是科普读物，针对读者对象的不同，也会出现不同的表现形态。

6.1.3　确定元素

在书籍整体设计中，要强调对贯穿全书的视觉信息符号的准确把握能力。因此，在众多信息中需要确定基本元素，即图形、文字、色彩和构图，并在设计中反复使用这些元素，从而达到强化信息、整体设计的效果。设计元素的确立需要充分发挥想象力，可通过多人组合采用垂直思考法或脑力激荡法，采用发散、辐射、综合等方式进行。通过思维的发散，可得到许多相关的信息，接着要进一步明晰主题，删减不必要的或不清晰的概念表达形式，在确定的几个方案的众多元素中进一步筛选，直至选出最具代表性的元素。

6.1.4　元素细化与整体处理

元素细化：抓住第一感觉，把上一阶段寻找的设计元素用图像的形式表达出来（见图6-1），从而对不同的元素进行研究和比较，进一步确定拟采用的处理方式。此时需考虑以下几个问题：

①图片怎样才能最配合创意的需要。
②如果有文字的话，怎样处理文字与图像的关系。
③视觉中心将出现在哪里，给人的第一印象是什么。
④色调如何处理。画面是否单纯，手法是否简洁，对比是否到位等。

整体处理：经设计处理的基本元素深入封面、书脊、封底、扉页、内页、版式、目录、插图等，甚至包括页眉、页码、飘口、切口、丝带、中缝等细节

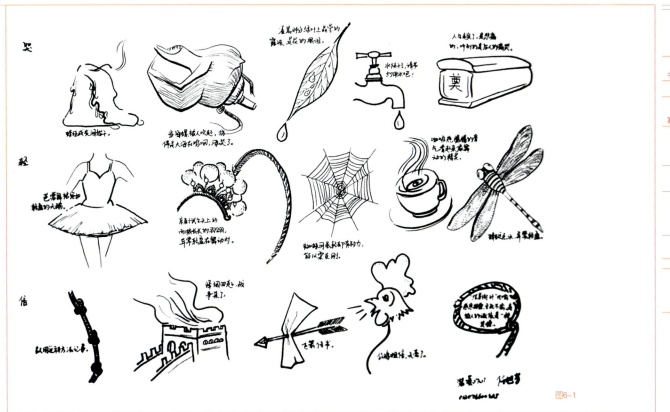

图6-1

部分。总之，书籍设计是一个将艺术与工学融合在一起的过程，每一个环节都不能单独地割裂开来。书籍设计是一种构造学，是设计师对内容主体感性的萌生、知性的整理、信息空间的经营，对纸张个性的把握以及工艺流程的兑现等一系列物化体现的掌控，是架构设计师心中的书籍"构建物"。

6.1.5 阅读检验

设计师要懂得在主体与客体之间达到一种平衡关系。设计者不能只顾自我意识的宣泄，要想方设法在内容与读者之间架起一座互动顺畅的桥梁。书籍设计要遵循书籍的阅读本质，同时不失艺术的情趣，最大限度地发挥书籍的内涵和引力。最终的检验可以从以下六个方面进行：

①整体性检验——风格驾驭是否完整，表里内外是否统一；
②可视性检验——文字传递是否明快，图像画质是否精良；
③可读性检验——翻阅是否轻松舒畅，排列是否节奏有序；
④归属性检验——形态演绎是否准确，书籍语言是否到位；
⑤愉悦性检验——视觉形式是否有趣，体现五感是否得当；
⑥创造性检验——是否具有鲜明个性，是否原创并非重复。

6.2 案例分析

(一)学生课程训练——读者群体细化设计

1.课题内容：经典名著的个性化设计

2. 训练目的：

(1) 激发学生灵感，提高视觉表现力；

(2) 训练学生对书籍设计中不同群体的特殊需求的把握；

(3) 培养学生对书籍设计进行个性化、创造性的表现能力。

3. 训练时间：8学时。

4. 教学要求：寻找特定的读者群体，为该群体做适合的设计，可打破以往的设计方式，主要突出特定群体的特点。

5. 作业量及尺寸：电脑制作，开本不限，300分辨率，并书写200字左右的设计说明。

6. 学生作业：

[案例一]：针对16—25岁的阅读群体设计的《西游记》（设计者：梅玮）

(1) 设计缘由

《西游记》是我国的古代名著，是旷古烁今的经典，这次做《西游记》的封面设计，我首先不考虑做精装。因为看《西游记》精装书的设计早已经没有任何悬念了，无非是儒雅、复古、华丽、珠光宝气……再怎么做设计，也只能在这个圈圈里转，不断地贴金，不断地做盒子……没悬念，没活力。我认为这样的设计如果走向市场会缺乏生命力，不太可能有新的购买热潮。

我要做的《西游记》是给16—25岁的年轻人看的，因为这些人群大多看过《西游记》电视剧，对其故事情节和人物特征都比较感兴趣，但是其中很多人没看过原著，因此，有必要设计符合年轻人审美的新版书籍设计，从而向年轻人传播中国经典书籍的优秀文化。我想在书的设计中体现出中国的文化气息，同时还要运用新颖的手法，时尚的元素，把现代文化与传统文化编织在一起。

(2) 设计说明

简装版设计：书的开本是正方形，圆角，拿的时候会比较舒服，形状也很现代。色彩采用黑色，并采用磨砂压膜技术（见图6-2）。"西游记"三个字和如意型图案按印章的方式排列，但是阅读顺序是现代习惯的左右上下。文字使用特殊印刷的银色，传达出既古朴又时尚的特点。文字内部是精心绘制的四只中国狮子，文字是正方形的，向左偏移，暗喻西行，同时体现出较强的时代感。出版社的名字放在中线上，与作者名字连在一起，起连接大小两个方形的作用（大方形是标题，小方形是作者名字），构图上也比较有节奏。装饰的两个小边角，意在起到完整构图的作用。封底主要是横着的、加长的条形码，贯穿中线，旨在打破一贯的书装规则，也把条码作为装饰。被条码切成两半的宋体英文"MONKEY KING"是猴王的意思，指西游记。设计中渗透了中国味，但又不老套。底纹采用中国传统的方形图案抽象为规则的方格，来衬托上面的文字。

图6-2

图6-3

精装版设计：精装版和简装版在开本和形状上保持一致，不同之处在于书皮材质，精装版使用塑胶做表面，中间层是海绵，表面还有一层透明塑胶，可以做两个不同面的印刷，使手感更加舒服（见图6-3）。另外，在封面设计中引用了"14"这一数字元素。"14"代表玄奘西行的14年时间。这本书记录的就是这14年中，玄奘师徒所经历的种种艰难险阻和他们英勇面对邪恶势力的传奇故事。我想这14年不是那么轻松地度过的，而是玄奘师徒修行的一个漫长过程。从这个角度来看，西游记就不是什么魔幻神话，而是磨练成长的14年。我们可以从"14"里看到西游的艰辛和玄奘师徒凡人的一面。之所以是限定版，是因为这不是神话传说中的西游记，而是充满哲理和启发的玄奘师徒西行的真实故事。

(3) 教师点评

该设计作品整体上打破了传统《西游记》的典型思路，采用现代的语言表达手法，较好地契合了16-25岁的年轻人这一特定读者群的口味。现代意味十足，并能通过隐喻、吉祥纹样、文字的分割等传达出《西游记》的文化特点。精装书的设计传达出年轻人所期待的有人生的启迪或一定的励志性。设计者抓住了这一特点，但在表达上稍有含糊，这一信息需在书名或副标题上有所体现，希望能加入必要信息，使传达更加准确、完整。

[案例二]：针对学龄前儿童阅读群体设计的《西游记》（设计者：姜思远）

(1) 设计缘由

《西游记》是中国古典四大名著之一，也是一部规模宏伟、结构完整、用幻想形式来反映社会现实的巨著。学龄前儿童对《西游记》十分喜爱，他们喜欢《西游记》中描绘的奇特的动物世界，险象环生的诡异场所，并带有一定的偶像崇拜情结。但是原著《西游记》共一百回，六十余万字，分回标目，每一回目以整齐对偶展现，这种形式对于学龄前儿童来说并不适合。据调查，

图6-4

学龄前孩子喜欢的书籍特点为：喜欢有故事情节的连环画书；喜欢可以互动的书籍，喜欢可爱的异形形态；喜爱鲜艳的色彩，喜欢发出声音。因此，根据学龄前儿童的特点，我希望用一种图像化的语言进行设计，并在开本和造型上做异形处理，从而增加读书过程的互动性。

(2) 设计说明

图6-4所示为针对学龄前儿童设计的《西游记》中第五十九至六十回唐僧师徒四人过火焰山这一故事的封面。考虑到儿童的阅读习惯，对原著进行故事分解，每个故事一个小本子，且不超过30页，以便于儿童翻阅。在尊重原著的前提下，简化故事情节，使故事线索更加明确。开本采用异形裁切，整体比较小巧，便于儿童抓握，在造型上采用火焰山的形态，给人以活泼、形象感。装订形式上采用活页订，每页可单独拿出，根据其大小排列的规律性，儿童也可轻易按顺序排列。

卡通造型的师徒四人图像用不粘胶粘贴，可以转动，也可增强阅读过程的互动性。火焰上涂上特殊的材料，用手触摸可产生发热的感觉。正面的形象是火焰颜色的渐变，预示着火焰山的炎热，背面是蓝色系的设计，体现师徒四人借到芭蕉扇，扑灭大火后的清凉。芭蕉扇是可以被拉出来的，也可以折叠变大变小，适宜儿童玩耍，吸引儿童的视线，从而帮助儿童更好地理解原著。

(3) 教师点评

学龄前儿童在阅读兴趣上容易集中在情节较简单、人物性格鲜明的童话故事上，将《西游记》这一文学名著转化为有趣的童话故事切合儿童的知识经验，充满幻想的世界也符合他们的心理发展水平。该设计作品所用文字浅显，便于阅读和精致的插图相互辉映，渲染出幻想世界里的诗情画意。当孩子们翻开图书，首先被精美且富有童趣的画面吸引，通过立体的、可触的图画传达语言，带给孩子们一个真正的故事世界。但这和电视机中的画面不一样，在电视机旁，孩子总是被动地观看，而图画书却要通过孩子自身去展开故事的世界，用自己的力量去创造故事的世界，从而轻松地传递出整部书的主旋律——对真善美的追求。我们在追求儿童文学作品内容上的独特性的同时，也不能忽视儿童的阅读心理，只有两者兼备，才是真正的精品图书。

(二)学生课程训练——封面编排训练

1.课题内容：充分运用文字的排列进行封面的编排设计。

2.训练目的：

(1) 促使学生把握点、线、面的处理手法。

(2) 训练学生对文字的深入理解，充分发挥文字所蕴含的文化意义和形式美感。

(3) 培养学生对书籍设计中文字的表现能力。

3.训练时间：8学时

4.教学要求：

(1) 对特定的汉字进行图形化处理。

(2) 采用拉丁文或阿拉伯数字进行艺术化的处理或组合，进行封面的编排设计。

5.作业量及尺寸：电脑制作，开本不限，300线分辨率，并书写100字左右的设计说明。

6.学生作业：

[案例一]：对特定文字的图形化处理（设计者：卢雪莲）

(1) 设计缘由

通过老师的讲解，我意识到文字是人们传递感情、表达思想、记录语言的符号。人类最早发明的文字是象形文字，汉字就是象形文字，与图形联系紧密。象形的汉字给予我们很多想象的空间，是中国人智慧的一种体现，具有无穷的魅力。汉字字体也随着历史长河的发展渐渐演变，从春秋战国时期以鸟、虫书为代表的金文字，到篆、隶、楷、行、草书，到宋代的宋体字。在本次设计中，我希望在不改变文字基本结构的基础上解说文字的不同含义。通过不断地推敲，我决定采用汉字"夫"作为设计对象。因为该文字简单易懂，有多重含义，因此，我打算采用图形化的处理表现该字的内涵。

(2）设计说明

我取汉字"夫"的三层含义：文人士大夫、丈夫和救死扶伤。如图6-5所示，通过两道绳子替换"夫"字的笔画，使人联想丈夫的责任，影子上出现的文字"丈"，更好地说明了我的意图。如图6-6所示，采用红十字进行替换，加上影子部分处理为"扶"，在视觉上可引起人们的想象，使"救死扶伤"这一概念更加准确。

（3）教师点评

汉字源于自然物形，在历史的演变中将物形简化地融合于方正的字体符号之中。汉字图形独特的造型结构和符号化的特征，形成了形意结合、以形表意的形式。我们用文字表达观念，首先要对文字自身规律有充分认识，其次要对创意观念进行深刻理解和准确表达，这样才能真正做到有的放矢，标新立异。作为中国的平面设计师，汉字是我们值得关注的重要领域，因为我们生活在汉字的语言环境中，我们在生活和工作中每时每刻都在利用着汉字来传达信息。

[案例二]：对拉丁字母的编排设计（设计者：尹文杰）

（1）设计缘由

拉丁字母是不同于汉字的另一种书写形式，在历史演变中形成了多元化的

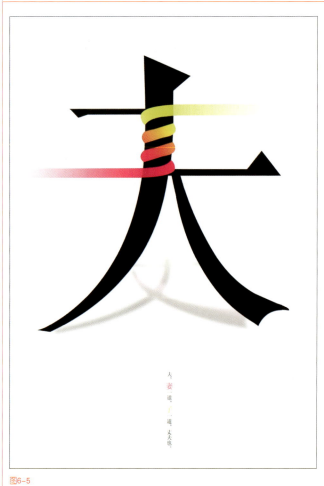

图6-5

图6-6

表达。我最喜欢的是包豪斯时期拜耶设计的无饰线体，它带给我们一种简洁的几何形态之美，因此，我期望在本次设计中能够通过对拉丁字母的编排设计，传达出现代的、简洁的设计风格。

(2) 设计说明

书籍传达离不开文字，我认为文字是书籍内容传达最直观的元素。但是不能把文字原封不动地搬出来，因此，需要先确定整体构图。该杂志不同于一般故事性较强的书籍，在编排设计上使重心上移，以此求得视觉上的不平衡性。众多的文字信息需要分类处理，确定主要文字（书名）和辅助性文字（相关信息）的基本位置，然后通过设置字体、字号、粗细，排列文字等方法，强化书名，弱化辅助信息（见图6-7）。在色彩上采用黑、白、灰三种没有色相变化，仅有明度变化的处理方式，主要目的是体现该杂志本期主题——现代主义设计。

(3) 教师点评

该生对题目的理解比较到位，通过强化、叠压等方式，传达设计类杂志的简洁、现代的特点，编排设计规划合理，自由的叠压与整齐的排列形成对比，粗重的标题与纤细的内容形成对比，同时又通过面积的分割达到视觉上的平衡，所做设计已达到本次训练的目的。

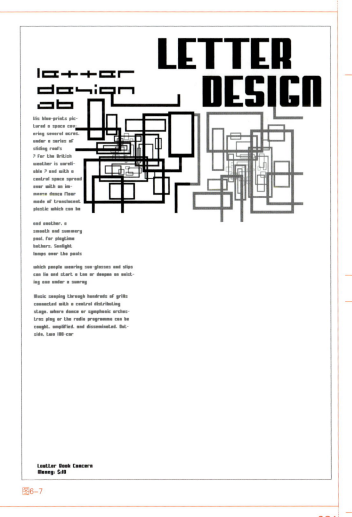

图6-7

（二）学生课程训练——整体表达

1. 课题内容：精装书整体设计

2. 训练目的：

（1）训练学生对书籍整体设计的认识和理解。

（2）激发学生采用新的材料或方法，传达书籍整体设计理念。

（3）培养学生对精装书设计进行文化渗透的能力。

3. 训练时间：16学时

4. 教学要求：

（1）把握精装书的设计特点，可融入触觉、听觉、嗅觉等其他感受方式，增强书籍设计的系列感和整体感。

（2）熟悉书籍内容和作者写作特点，可打破以往的设计方式，主要突出特定群体的特点。

5. 作业量及尺寸：电脑制作函套、封面、扉页、目录等内容，并打印、装订成册，开本不限。

6. 学生作业：

[案例一]：书籍设计中的时间与空间概念（设计者：龙云、孙耀翔）

（1）设计缘由

拿到《我的日记》这一命题，感觉很有意思，贴近生活，能够表现自己想表达的东西。封面本身就应该像日记一样，使人一看到封面就知道我的内心世界。那么，我是一个怎样的人呢？我想，我是一个可爱的、聪明的、像麦兜一样有思想的小猪，于是我们把题目定为《小猪日记》，使人看到题目就会觉得非常轻松。

（2）设计说明

基本特征找准后，关键是要确定一个核心理念，即书籍设计的特色是什么。通过信息的整理和过滤，我们认为日记就是生活的书面形式，读日记其实是在阅读年轮、品味岁月。因此，在整个设计中渗透了时间概念，时间在这里被无限拉长，封面采用双向阅读的视线原理，产生彩色铅笔、肖像、粉红封面的三位交错效果（见图6-8至图6-11）。扉页、目录、序言的设计也都采用了淡淡的粉色（见图6-12至图6-14），一是体现出与封面的连贯性，二是寻找悠闲轻松的设计语言，就像睡梦中的呓语，无需特别连贯，读者看到任何地方都可随手搁置，没有复杂情节的纷扰，只有时间在流淌……

（3）教师点评

该组同学根据书籍的内容找到该书籍的主要特征：情感、放松，但是这一特征较难通过视觉语言进行表达，因此，该组同学巧妙地将概念进行转换，引入时间因素。通过减慢阅读速度达到使人休闲、心情放松的目的。

图6-8　　　　　　　　　图6-9　　　　　　　　　　　　　　　　　图6-10

图6-11　　　　　图6-12　　　　　　　图6-13　　　　　　　图6-14

[案例二]：书籍设计中的触觉——特殊材质的书籍设计（设计者：董纬、马斯、尹文杰）

（1）设计缘由

随着标准化和机械化生产的不断发展，越来越多的书籍设计逐渐失去了原有的人情味，变得单一和冷漠，而另一方面科技的发展，又使大量的工业材料和虚拟空间开始与设计品结合，成为平面设计新的载体，在平面设计中重新发挥着重要的作用。读者与书籍的交流是以多种感觉器官为介质的，信息的传达不是只有通过刺激强烈的视觉冲击才能引起人们的注意，它已经开始慢慢地渗入人的五官之中，所以书籍设计不应该仅停留在传统呆板的标准化生产，材料的置入将会带给书籍设计新鲜的味道。装帧设计作为一种综合思维的成果，包括材料选择、编排设计、印刷设计、装订剪裁等，是多重信息的集合体，本次设计从材料的角度出发，将生活中的废纸重新加工做成新的再生纸，回归传统手工制作方法，真正体会原始的感官刺激带来的美感。

我们的设计将会从再生纸的制作开始，从材料、功能、图形、形态四方面来将其延展，做几个系列的手工本子，通过最直接的材料语言的运用和创新技法的尝试，给当代装帧设计以新的启发。

(2) 设计说明

本次设计主要是探索书籍设计的触觉语言，因此，在纸张的设计上主要集中于再生纸的制作，通过自制纸浆我们得到了与众不同的再生纸，它比普通纸粗糙，呈现出自然、放松的感觉（见图6-15）。另外，再生纸的书写可以产生一种带沧桑感和古卷气的声音，散发着原始与自然的味道。触觉作为感觉系统中的另一个重要部分，较视觉而言更加真实和细腻，获得的感受也更加直白，这种接触，通常可以传递出更加细微的信息：如不同的材质可能体现出凹凸不平的沧桑，冰冷冰凉的冷峻，顺滑丝绸的高雅等不同感受。这种体验获得的敏感性也能增强视觉体验的感受力和愉悦度。正是由于触觉体验靠触摸行为获得敏感性的这一特性，材料的质感才成为了最重要的一个影响因素，平滑或粗糙，柔软或坚硬，不同的材料语言的应用可以为人们营造不一样的感官触觉刺激体验（见图6-16）。

在本次设计中有动物系列的封面，我们选用了柔软的仿真毛皮布料（见图6-17），当读者的指尖触摸到它的时候，便可以更真实地感受到动物皮毛的柔软，整个设计品一下子就变得生动和活跃起来。而相对于柔软的仿真皮毛来

图6-15

图6-16

图6-17

讲，以韧性较弱，脆性很大的易拉罐铁皮来设计制作的本子（见图6-18）就没有那么温暖的感受，这一设计所产生的冷酷和男子气概的嬉皮士风格同样可以让人觉得很有味道。用皮革缝制起来的书散发出野性、原始的风格（见图6-19至图6-21）。用塑料纸（袋）设计的封面体现出消费时代的风格特点（见图6-22、图6-23）。我们最喜欢的还是牛仔裤系列（见图6-24、图6-25），我们运用废旧的牛仔裤搭配碎花布来制作本子，厚实、新潮、坚韧的牛仔布搭配上柔软、轻薄、自然清新的碎花布，呈现在眼前的是有活力的烂漫情怀，再加

图6-18

图6-19

图6-20

图6-21

图6-22

图6-23

图6-24

图6-25

上一些糖果纽扣等小饰物的配搭，就会让人眼前一亮，生活中的东西以另外的一种形式继续伴随我们的生活，看到它想到它原先的模样，脑海中重现以前的故事，设计带来的是回忆的甜蜜和欣喜。

(3) 教师点评

以人为本，把人作为设计过程的最终关怀，是感官设计理念的根本目标。设计师与观赏者之间建立起一种密切的联系，形成一种互动的关系，打破了过去设计品单向传递信息的格局。感官设计理念在视觉传播设计中的应用，已经作为一种新的发展趋势和态势而存在。新技术、新工艺、新材料的应用会给我们的设计创作带来更加广阔、更感性的空间，激发更多的灵感和热情。

第 7 章　书籍装帧设计欣赏

图 7-1 书籍封面设计 / 陈幼坚

图 7-2 书籍封面设计 / 陈幼坚

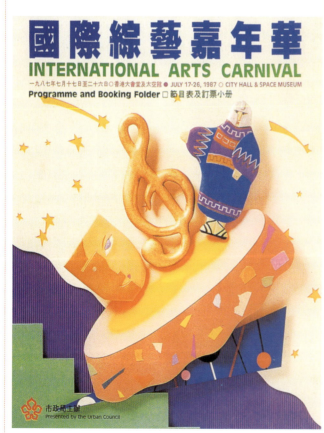

图 7-3 书籍封面设计 / 杨志豪

图 7-4 书籍封面设计 / 靳埭强、余志光、何毅星

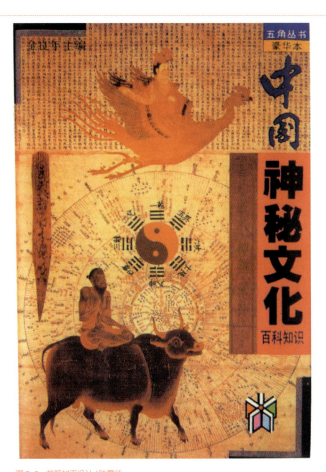

图 7-5　书籍封面设计 / 陆震伟

图 7-6　书籍封面设计 / 陈幼坚

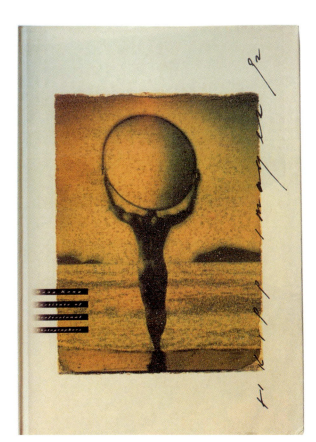

图 7-7　书籍封面设计 / 李永铨

图 7-8　书籍封面设计 / 莫永雄

图7-9 书籍封面设计/莫永雄

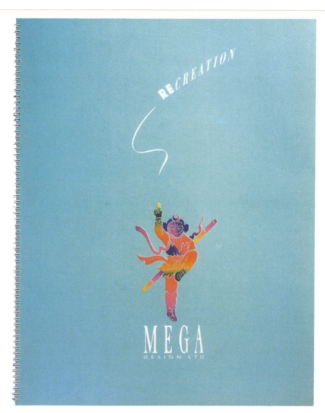

图7-10 书籍封面设计/谭镇邦、张广洪

图7-12 书籍装帧设计/杜华林

图7-11 书籍封面设计/吴卫鸣

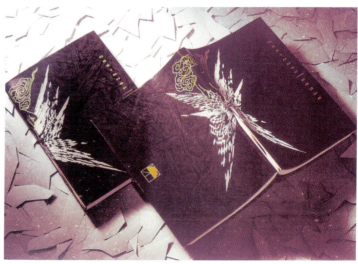

图7-13 书籍装帧设计/靳埭强

图 7-14　书籍封面设计 / 王序

图 7-15　书籍封面设计 / 石汉瑞　　　　　　　　　　　图 7-16　书籍封面设计 / 靳埭强、刘小康

图7-17 书籍封面设计/谭镇邦、张广洪

图7-18 书籍封面设计/谭镇邦、张广洪

图7-19 书籍装帧设计/靳埭强、刘小康

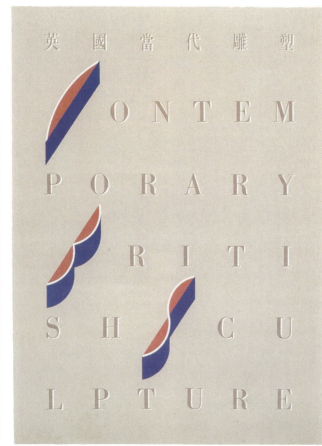

图 7-20 书籍封面设计 / 靳埭强

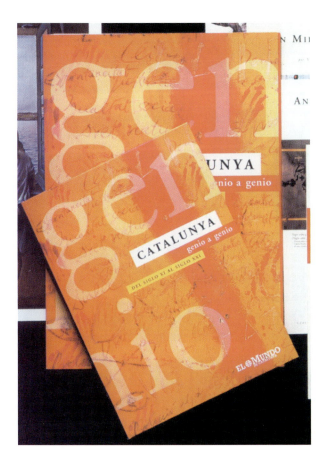

图 7-21 书籍封面设计 /Josep Baga/ 西班牙

图 7-22 书籍封面设计 /Matteo Bologna/ 美国

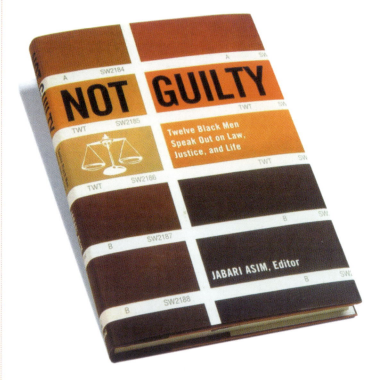

图 7-23　书籍封面设计 /Andrea Brown/ 美国

图 7-24　书籍封面设计 / V.Ocio, H.Pandiella / 西班牙

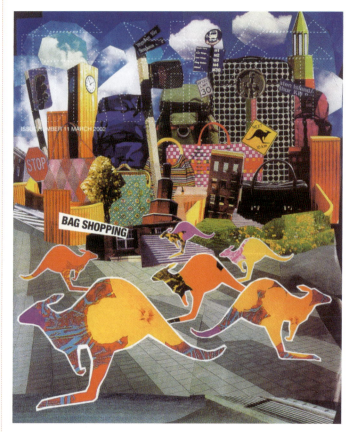

图 7-25　书籍封面设计 /Leaf Lee/ 中国台湾

图 7-26　书籍封面设计 / Lanny Sommese/ 美国

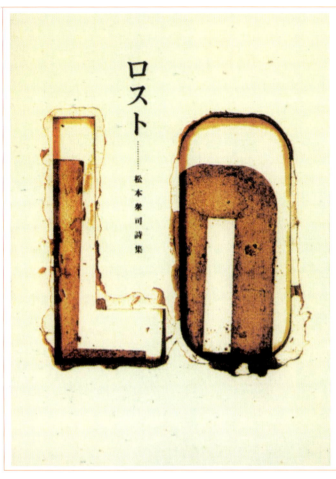

图 7-27 书籍封面设计 / Yoshimaru Takahashi/ 日本

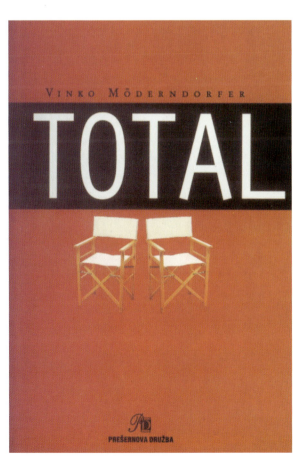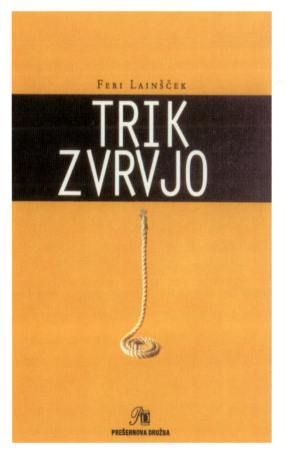

图 7-28 书籍封面设计 /Edi Berk/ 斯洛文尼亚

图 7-29 书籍装帧设计 /Koichi Fujita/ 日本

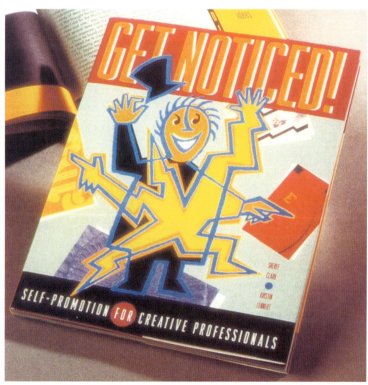

图 7-30 书籍装帧设计 /Some Inthalangsy/ 美国

图 7-31 书籍装帧设计 /Mike Flore/ 美国

图 7-32 书籍装帧设计 /Koichi Fujita/ 日本

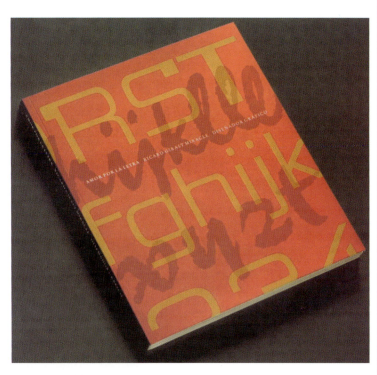

图 7-33 书籍装帧设计 /Josep Baga/ 西班牙

图 7-34 书籍装帧设计 /Matteo Bologna/ 美国

图 7-35　书籍装帧设计 /Tommy Li Design Workgroup Limited/ 中国香港

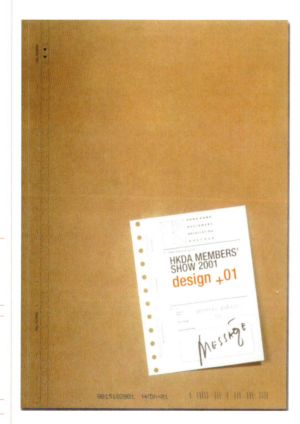

图 7-36　书籍封面设计 /Eric Chan/ 中国香港

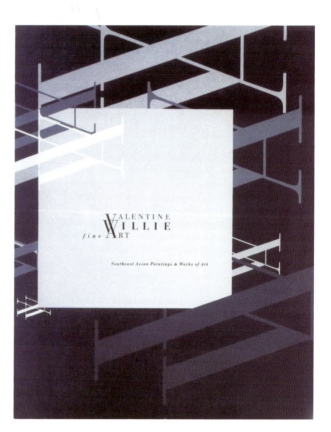

图 7-37　书籍封面设计 /Ming Tung/ 马来西亚

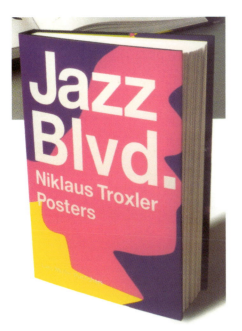

图7-38 书籍装帧设计/尼古拉斯·克莱斯勒/瑞士

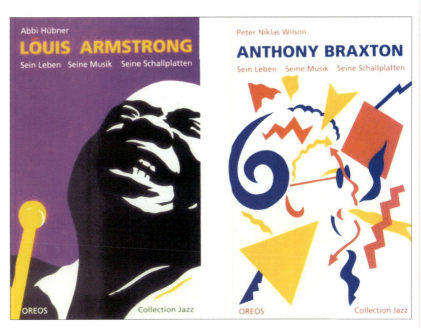

图7-39 书籍装帧设计/尼古拉斯·克莱斯勒/瑞士

图7-40 书籍装帧设计/菲尔·本斯/英国

图 7-41 书籍装帧设计 /Matteo Bologna/ 美国

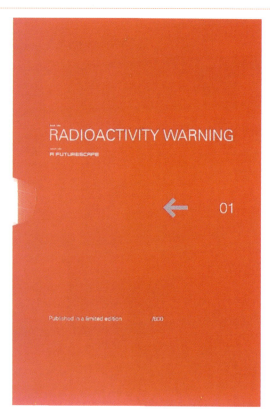

图 7-42 书籍装帧设计 / 艾提克 / 英国

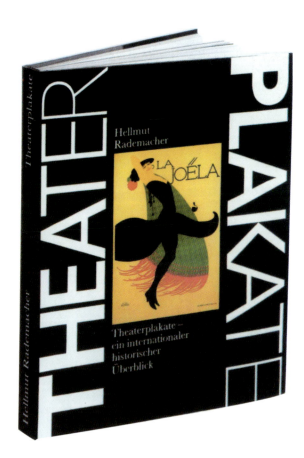

图 7-43 书籍装帧设计 / 格特·冯德利希 / 德国

第8章　学生书籍装帧设计作品选

《中国剪纸》/马欢

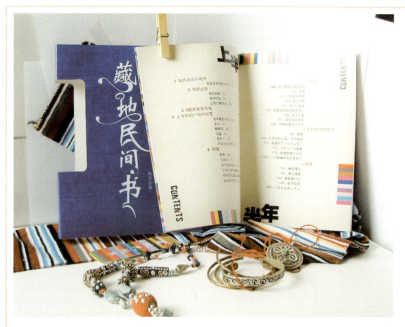

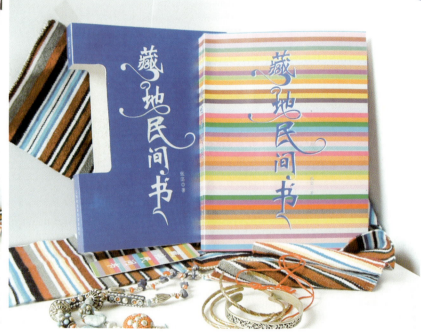

《藏地民间书》可佳

《雪国》/马佳

《庄子》/郁鹏飞、蔡啸

第 8 章 学生书籍装帧设计 作品选

Book design

Book design

Book design

《中国民间工艺系列丛书》书脊设计 / 刘亚娟

《中国民间工艺系列丛书》封面设计 / 刘亚娟

《中国民间工艺系列丛书》书签设计 / 刘亚娟

《中国民间年画》/ 刘亚娟

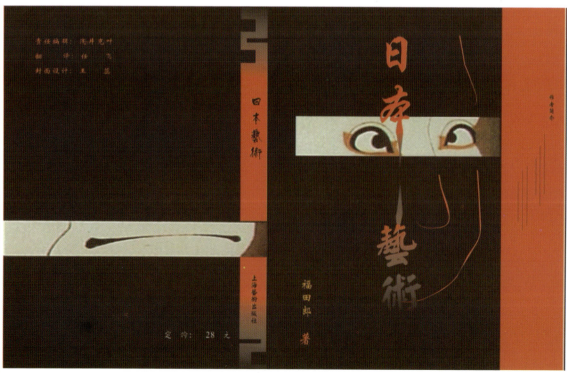
《日本艺术》/ 王磊

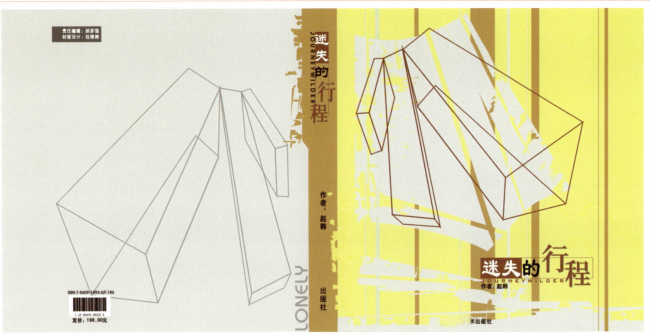

《迷失的行程》／赵雅娟

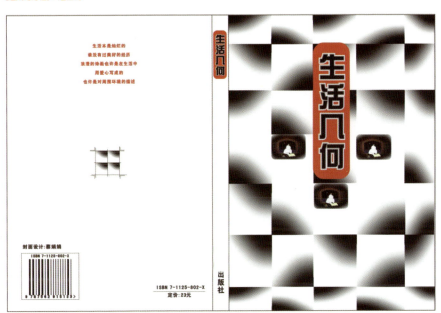

《生活几何》／蔡娟娟

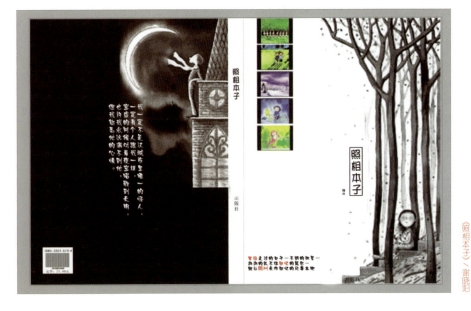

《照相本子》／谢晓阳

《向往》／徐婵

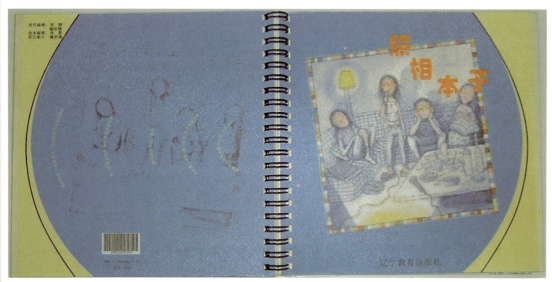

《照像本子》／魏舒娜

《中国古代传说》／钟用锋

《屈原传》／鲁黎

《孙子兵法》/ 郑恺

《哈林故事集》/ 彭晔华

《西子展览屋》/ 曾曦花

杂志封面设计 / 李大伟

《前世今生》/ 顾伟东

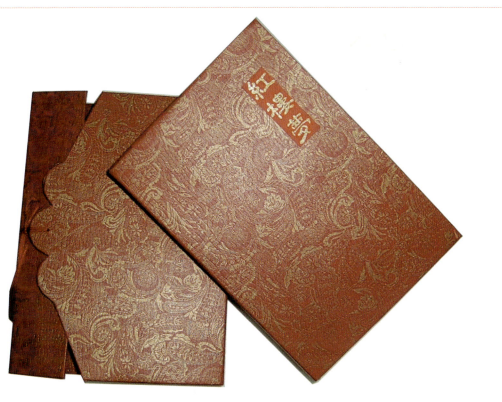

《红楼梦》／曹怡曦

《摄影作品集》／阳俊

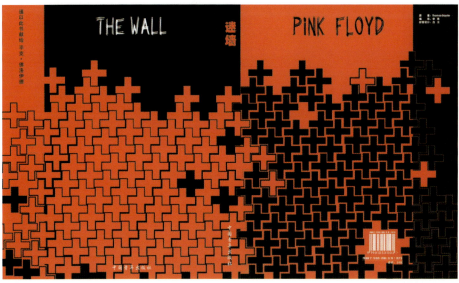

《迷墙》／白云

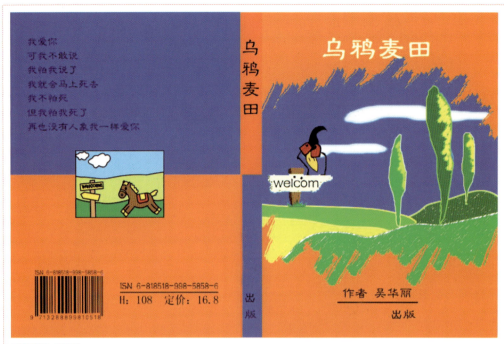

《乌鸦麦田》／吴华丽

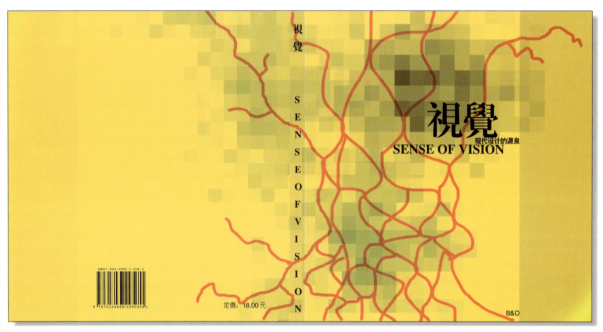

《视觉》／刘进文

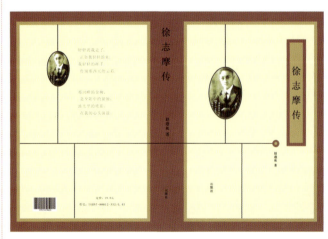

《徐志摩传》／蔡旎娜　　　《星缘》／胡波

《多味豆》／徐伶俐

《电影世界》／王雪

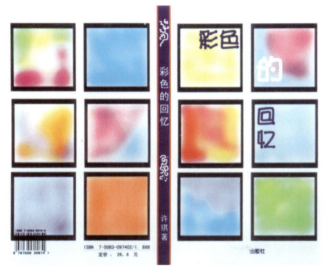
《彩色的回忆》／许琪

《现代艺术》／谭云滨

《小虫是辣的》／段昆、刘文兰

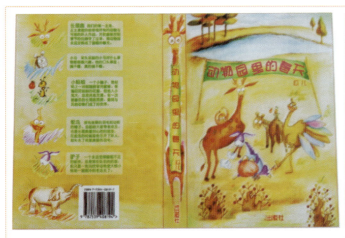
《动物园里的春天》／黄志兴

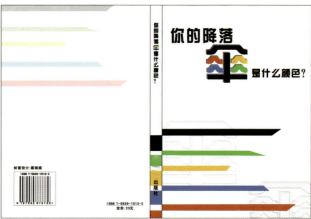
《你的降落伞是什么颜色》／蔡娟娟

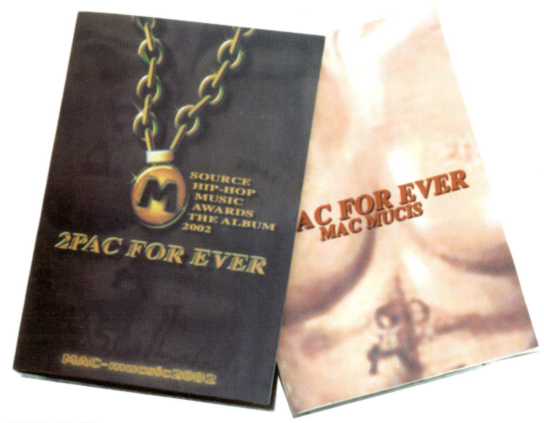
书籍装帧设计／王佳、陈远

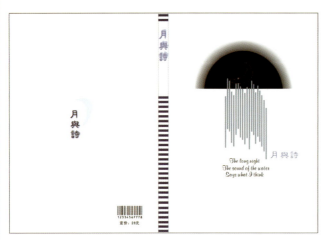
《月与诗》／胡晶

《红窗》／胡晶

《中国文字发展史》/ 陈丹

《鱼的旅行》/ 王静

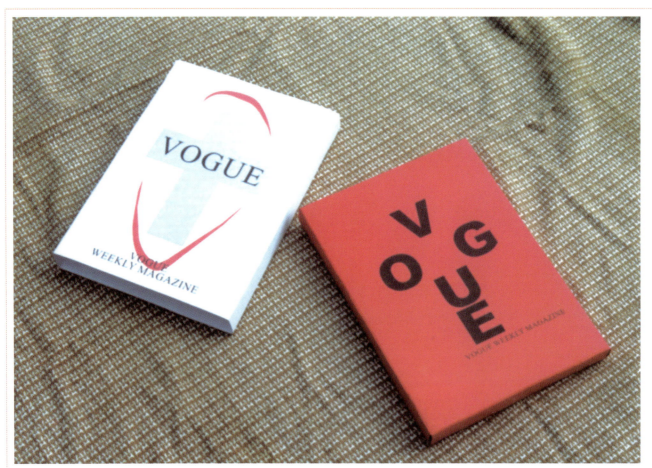

书籍装帧设计／徐洋、范磊佳

《福满堂》／黄琰、张燕

《唐宋诗画鉴赏》／黄璇、张燕

时尚杂志封面设计／徐伶俐、丁玉峰

《非洲之旅》／胡娟

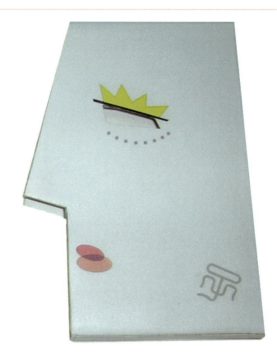

书籍装帧设计／王佳

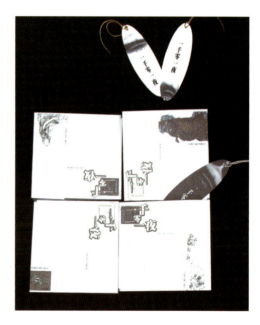

《一千零一夜》／邓丹

个人简历设计／刘志锋

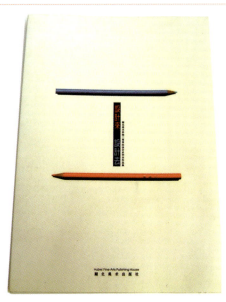
《设计来 设计去》/ 焦琰

《魅力》/ 梁栋

《金庸全集》/ 戴素素

《摇滚年代》/ 杨洋

书籍装帧设计 / 李白、朱平

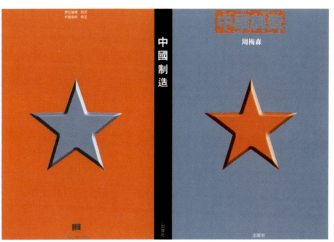
《中国制造》/ 杨定

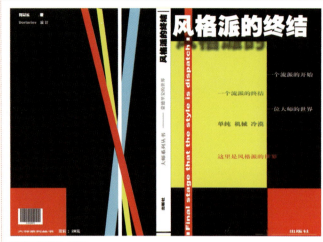

《风格派的终结》/ 董超　　　　　　　《第一次亲密接触》/ 毕丹

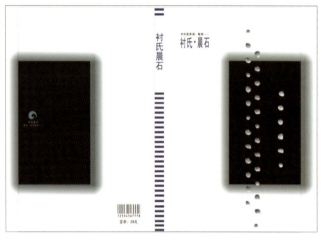

《村氏·晨石》/ 王志国　　　　　　　《有一个故事》/ 王宇

后 记

中国的书籍艺术有着悠久的历史,其深厚的文化底蕴为世界所赞叹。随着文化教育事业的发展,书籍设计像社会变革一样,从书的外包装到书籍形态,都已改变,因此对书籍装帧设计课程,有了新的要求。

本书是作为教材编写的,我们的想法是通过本书,让学生在学习书籍装帧设计时,对本课程的基本概念与相关的理论知识以及书籍装帧的设计方法有一个系统的了解。同时在理论指导实践的基础上,强调设计的理念和实际操作。书中选用了国内外大量的优秀设计作品和近几年来我们在书籍装帧设计课程中确定课题并由学生创作的作业,以利于读者在学习过程中参考。希望通过本书促进大家之间的互相学习和交流。在此我们还要对徐伶俐、白云同学表示感谢,感谢他们在本书编写过程中做出的贡献。

本书选用的书籍装帧设计作品,主要来源于相关专业资料,因资料收集渠道有限,一些作品没有署名,在此特向作者致歉并表示由衷的感谢!不足之处,还望得到同行专家和同仁以及读者的批评指正。

作 者

2010 年10月

主要参考书目

[1] 余秉楠. 书籍设计. 武汉：湖北美术出版社，2001.

[2] 吕敬人. 设计时代——从装帧到BOOK DESIGN. 石家庄：河北美术出版社，2002.

[3] 卢少夫. 书籍装帧设计初步. 杭州：浙江人民美术出版社，2000.

[4] 成朝晖. 平面港——编排设计. 北京：中国美术学院出版社，2001.

[5] 成朝晖. 平面港——书籍设计. 北京：中国美术学院出版社，2001.

[6] 靳埭强. 中国平面设计. 上海：上海文艺出版社，1999.

[7] 靳埭强，刘小康. 装帧篇. 汕头：汕头大学出版社，2003.

[8] 罗杰·福塞特-唐. 装帧设计. 北京：中国纺织出版社，2004.

[9] 陈建军. 书籍装帧入门. 南宁：广西美术出版社，1999.

[10] 朱国勤，倪伟，王文霞. 编排设计. 上海：上海人民美术出版社，2001.

[11] 徐阳，刘瑛. 版面与广告设计. 上海：上海人民美术出版社，2003.